TRAITÉ

DE LA CULTURE DES

PLANTES DE SERRE FROIDE

TRAITÉ THÉORIQUE ET PRATIQUE

DE LA CULTURE DES

PLANTES DE SERRE FROIDE

— ORANGERIE ET SERRE TEMPÉRÉE DES JARDINIERS —

PRÉCÉDÉ

DE NOTIONS PRATIQUES DE PHYSIOLOGIE VÉGÉTALE ET DE PHYSIQUE
HORTICOLE, ET DE CONSEILS
POUR LA CONSTRUCTION DES DIFFÉRENTES SERRES

PAR

P.-E. DE PUYDT

Secrétaire de la Société d'Horticulture de Mons; membre du comité directeur
de la Fédération des sociétés horticoles de Belgique;
Vice-président de la Société des sciences, des arts et des lettres
du Hainaut.

PREMIÈRE ÉDITION.

BRUXELLES

LIBRAIRIE AGRICOLE D'ÉMILE TARLIER
Éditeur de la Bibliothèque rurale
MONTAGNE DE L'ORATOIRE, 5

BRUXELLES. -- TYP. DE Ve J. VAN BUGGENHOUDT
Rue de Schaerbeek, 12

PRÉFACE

L'horticulture a pris, depuis moins d'un demi-siècle, un développement et une importance qu'il est impossible de méconnaître. Un grand commerce, une industrie prospère lui ont dû naissance, et, dans l'ordre moral, son influence bienfaisante est attestée par le nombre croissant des amateurs, par les nombreuses associations dont elle est le but, et par la considération dont celles-ci sont entourées.

Il nous a semblé, cependant, que les progrès de l'horticulture laissaient à désirer sous un rapport. Il n'est plus possible, de nos jours, que le jardinage demeure un métier voué aux tâtonnements et à l'empirisme; chacun de ses procédés a sa raison d'être, dictée par les lois de la nature, sans cela, il faudrait le rejeter. Mais l'étude de ces lois et de leurs applications à la science, à peine née, de l'horticulture est encore entourée de mille difficultés. Le progrès se fait, les bons procédés se généralisent, mais par imitation, par enseignement mutuel, et la théorie qui se fonde reste ignorée du plus grand nombre, disséminée qu'elle est dans une masse de publications coûteuses, peu répandues, et rarement intelligibles pour ceux que leurs études n'y ont point préparés.

C'est à vulgariser ces notions exactes, que doivent tendre ceux qui écrivent aujourd'hui sur l'horticulture. L'esprit de notre époque, le besoin de progrès sûr et rapide qui la caractérise, exigent impérieusement que partout la science et la pratique se donnent la main, pour s'ouvrir en commun des voies nouvelles.

Le petit Traité que nous offrons au public est conçu dans cet ordre d'idées; c'est un livre élémentaire, destiné surtout à ceux qui débutent, et qu'arrêtent trop souvent, dès le premier pas, les nombreuses difficultés de la culture. Mais, en nous efforçant d'être simple et intelligible pour tous, nous avons pris soin de présenter toujours la notion scientifique à côté et à l'appui des connaissances expérimentales.

Chaque procédé ayant ainsi son explication, les résultats étant prévus, et les phénomènes qui se produisent pouvant toujours se rapporter à des lois bien définies, il nous semble impossible que le progrès n'en reçoive pas une utile impulsion.

Nous ne traitons spécialement dans ce volume que des plantes de *serre froide;* néanmoins, toute la partie théorique et les principes généraux d'horticulture y sont aussi bien applicables aux serres chaudes et tempérées, et même, jusqu'à un certain point, aux cultures en plein air. Nous avions eu d'abord la pensée de compléter notre travail jusqu'à en faire un traité complet d'horticulture, embrassant les diverses branches de cette science complexe; un instant de réflexion nous a convaincu qu'il était préférable de le diviser, et de n'offrir ainsi à chaque lecteur que tout juste ce dont il a besoin. Nous avons donc commencé par la serre froide, dont l'importance justifie assez cette préférence, et nous nous proposons de traiter plus tard des serres chaude et tempérée.

Nous terminons par une revue sommaire des genres et espèces de serre froide que l'on trouve chez les amateurs et dans le commerce. C'est le résumé de trente années d'expérience.

TRAITÉ THÉORIQUE ET PRATIQUE

DE LA CULTURE DES

PLANTES DE SERRE FROIDE

I

La serre froide. — En quoi elle diffère de l'orangerie et de la serre tempérée.

On s'entend mal sur le sens précis de ces expressions · *serre froide, plantes de serre froide.*

Des livres, très-savants d'ailleurs, confondent à tout propos l'orangerie, la serre froide et la serre tempérée.

Certains catalogues du commerce entretiennent, nous ne savons dans quel but, cette confusion inconcevable.

Il serait bien temps que l'on cessât d'induire ainsi en erreur les amateurs peu expérimentés que les déceptions découragent.

L'orangerie ne remplace aucunement la serre froide et

celle-ci, à son tour, ne peut tenir lieu de la serre tempérée.

L'orangerie est spécialement réservée aux arbres, arbustes ou plantes dont la végétation est suspendue en hiver et qui, pour ce motif et à cause de leur rusticité particulière, se contentent, durant six mois de l'année, d'une lumière faible et diffuse, exigent très-peu d'arrosements, point de chaleur, tout au plus d'être préservés de la gelée, et doivent être aérés dès que le thermomètre s'élève au-dessus de zéro. L'orangerie, quelque luxe qu'on mette à sa construction, n'est qu'une remise à plantes.

La serre froide est destinée aux plantes qui, sans avoir rien à craindre d'une température à peine supérieure au zéro du thermomètre centigrade, se maintiennent en végétation plus ou moins active durant l'hiver, conservent leur feuillage, et donnent, pour la plupart, leurs fleurs avant l'époque où on peut les remettre en plein air.

Quant à la serre tempérée, elle est un intermédiaire nécessaire entre la serre froide et la serre chaude. Les végétaux qu'on y cultive ont généralement un aspect tropical, et sont, en effet, originaires des régions chaudes. La température ne doit pas y descendre au-dessous de 6 à 8° centigrades (1) pendant la nuit. Beaucoup de plantes longtemps classées dans la serre chaude s'en accommodent fort bien, mais les plantes de serre froide n'y pourraient demeurer sans s'étioler et y devenir malades. De même, les plantes de serre tempérée seraient tuées ou, tout au moins, fort endommagées par les températures d'hiver, sous lesquelles végètent et fleurissent celles de serre froide.

Cette distinction bien établie, nous avons à en faire une autre : il y a serre froide et serre froide.

Quelques amateurs n'ont une serre que pour y conserver, pendant la saison rigoureuse, des plantes des-

____

(1) Les degrés de température que nous indiquons sont toujours ceux du thermomètre centigrade.

tinées à orner les parterres de mai à octobre. D'autres, et ceux-ci fort nombreux, y élèvent des collections de plantes annuelles ou vivaces, dont la floraison n'arrive qu'en été ou fort tard au printemps, quand déjà les plantes de plein air fleurissent et que les jardins ont repris leur parure.

La serre, ainsi traitée, n'a qu'une importance très-secondaire ; elle n'offre, par elle-même, aucun agrément, et les soins qu'elle réclame restent sans compensation pendant six mois d'hiver. Son aspect n'a rien d'ornemental, et on ne peut l'établir en regard des pièces habitées.

La vraie serre froide, au contraire, est tout aussi verte, aussi riante d'aspect, plus fleurie peut-être pendant sept mois de saison rigoureuse, et non moins ornementale en son genre que les serres chaudes et tempérées. On la transforme à volonté en serre-salon ou en jardin d'hiver, et, durant toute la saison froide, elle paye les soins qu'on lui donne par mille jouissances, d'autant plus précieuses que les travaux des jardins sont alors suspendus, que la terre est nue et désolée, et qu'à côté de ce printemps artificiel, séparé par un simple vitrage, hurle l'hiver avec son triste cortége.

La serre froide est la serre de la petite propriété, la serre bourgeoise, celle de l'homme d'étude ou d'affaires, qui sent le besoin de faire trève de temps en temps aux travaux intellectuels, et de se retremper par une légère fatigue corporelle ou dans la contemplation des merveilles de la nature.

Les serres chaude et tempérée abritent surtout les cultures de luxe ; la serre froide est à la portée de toutes les fortunes. Elle a ce grand mérite que le talent du cultivateur y brille par-dessus tout, et qu'on y obtient difficilement avec de l'argent ce que produiront à coup sûr le bon goût et la persévérance d'un amateur éclairé.

Et quelles jouissances chèrement achetées vaudront jamais celles de l'amateur qui, par lui-même, à peu de frais, mais à grand renfort de soins, d'étude et de patience, aura élevé, façonné, amené à parfaite floraison, au milieu même de l'hiver, une collection variée de ces charmants arbustes australiens, dont rien n'égale la coquette élégance et la richesse florale! Et combien son plaisir ne sera-t-il pas plus complet s'il sait, avec un goût sûr, l'entremêler de liliacées, d'iridées, de cactées, d'yucca, de dracœna, d'aralia, de fougères, de toutes ces espèces aux formes nobles, curieuses ou légères, aux fleurs brillantes ou bizarres, qui se contentent de soins à peu près semblables, d'un coin de la même serre, et qui formeront avec nos arbustes les plus délicieux contrastes.

II

Les plantes de serre froide. — Contrées d'où elles proviennent. — Importance de ce genre de culture.

On ne se fait pas une idée suffisante des ressources qu'offre la serre froide. A force de voir se multiplier à l'infini les variétés douteuses de certains genres en faveur, on en vient à croire que les autres plantes de serre froide, délaissées un instant par la mode, ne sont que d'un intérêt médiocre. La plupart des amateurs ignorent la valeur ornementale des plantes de l'Australie et du Cap, ou ne savent comment en élever de beaux spécimens. On se borne à quelques genres privilégiés, et l'on entasse variétés sur variétés, pour aboutir à la plus triste monotonie; ou bien on entremêle des espèces qui ne sont point faites pour vivre ensemble; on néglige le côté pittoresque et l'harmonie de l'ensemble, et on arrive à blesser les yeux, là où chaque détail devrait les charmer.

Si l'on veut jouir pleinement d'une serre froide, il faut se décider à proscrire les alliances bâtardes, la confusion et le mauvais goût; il faut rejeter dans une bâche spéciale, ou tout au moins à l'arrière-plan, hors de vue, les arbustes à feuilles caduques, et tous ceux dont le port est disgracieux et lourd, et ne composer sa collection que de bonnes espèces, au port élégant ou mignon, au feuillage riche ou gracieux, fleurissant amplement et surtout l'hiver. On fera bien d'y joindre d'autres formes végétales, des plantes d'ornement, des bizarreries, mais en nombre restreint, et seulement pour autant qu'elles soient propres à produire des effets artistiques et de piquants contrastes.

Pour atteindre ce but, les ressources, nous le répétons, abondent; mais comme on les perd trop de vue, il n'est pas inutile de les récapituler brièvement.

Le sud de l'Europe, le nord de l'Afrique et toute la région méditerranéenne, les îles Canaries, les Açores, etc., ont depuis longtemps fourni, à la serre froide, un contingent qui ne peut plus guère s'accroître, et qui n'est pas en rapport avec l'étendue de ces vastes contrées. L'Asie occidentale et centrale a été moins féconde encore; mais à l'extrême orient, la Chine et les îles fertiles du Japon nous dédommagent amplement. Ces vastes empires ne sont que bien imparfaitement connus et, cependant, ils nous ont donné, parmi d'innombrables richesses, le Camellia, l'Azalée (dite de l'Inde) et la Pivoine en arbre, celle-ci presque conquise à la pleine terre.

De l'autre côté de l'océan Pacifique, nous trouvons la Californie, l'Orégon, puis le Nouveau-Mexique, le Texas et tout le sud des États-Unis, dont les produits végétaux, les uns anciennement connus, les autres de conquête récente, tiennent une place importante dans nos collections. Il y a là, dans le *far West* des Américains, des mines inexplorées de plantes ornementales, de cactées et d'arbustes verts.

Si maintenant nous passons dans l'hémisphère sud, nous découvrons bien d'autres trésors. La pointe australe de l'Afrique, aux environs du cap de Bonne-Espérance, est la patrie d'une végétation abondante, excessivement variée et d'un aspect tout particulier. Liliacées et iridées bulbeuses, ravissantes de coloris; plantes grasses, étranges et bizarres; Aloès, Stapelia, Ficoïdes, etc., en nombre incalculable; protéacées non moins curieuses et plus ornementales; Bruyères mignonnes, élégantes, d'une variété inépuisable; arbustes de tout genre au port trapu, se couvrant à profusion de leurs jolies fleurs; sans parler des Pelargonium, dont l'horticulture a fait tout un monde! Et ce n'est là qu'une énumération bien écourtée de tant de richesses. On ne peut mettre en ligne à côté des merveilles accumulées à l'extrémité méridionale de la stérile Afrique, que celles de l'Australie et des îles voisines, trop connues sous le nom impropre de *plantes de la Nouvelle-Hollande*, trop répandues dans les jardins du monde entier, pour que nous ayons besoin de vanter longuement leur infinie variété, leur grâce originale, l'extrême abondance de leurs fleurs et, souvent aussi, leur aspect étrangement ornemental sinon complétement paradoxal. Rappelons au plus vite les Acacia et mille autres légumineuses charmantes, les Pimelea, les Epacris, les Banksia, Dryandra et Grevillea aux formes tout à fait imprévues; les Metrosideros et une foule d'autres myrtacées non moins curieuses ou brillantes; des liliacées d'un aspect tout particulier; les magnifiques Fougères arborescentes de la Nouvelle-Zélande, et les Araucaria, qui n'ont point de rivaux parmi les arbres d'ornement.

Il faut encore mentionner, après ces contrées si fécondes en belles plantes de serre froide, la partie la plus méridionale du continent d'Amérique, depuis Buénos-Ayres et le Chili jusqu'à la Terre de feu. Ce n'est pas que cette vaste étendue puisse rivaliser avec les deux précédentes pour ses produits végétaux, mais quoique bien moins richement dotée, elle a fourni déjà et complète, de temps en temps, un contingent de belles espèces qui prennent place dans la serre froide, et varient agréablement les collections.

Voilà certes de quoi choisir, et l'on emplirait aisément dix serres froides des représentants vivants en Europe des fleurs du Cap, de l'Australie et des autres pays que nous avons mentionnés. Nous ne sommes cependant point au bout.

Dans l'immense zone comprise entre les tropiques, le climat équatorial et ses ardeurs ne se font réellement sentir que dans les plaines basses, et jusqu'à une hauteur de quelques mille pieds au-dessus du niveau de l'Océan. On sait que la température décroît rapidement à mesure que l'on s'élève sur les montagnes; même sous l'équateur, le froid se fait déjà sentir à 2 ou 3 mille mètres d'altitude, et l'on arrive, en s'élevant toujours, jusqu'aux neiges perpétuelles. Avant d'atteindre cette limite extrême, on rencontre des sommets d'altitude moyenne et même des plateaux étendus, formant parfois de vastes régions, où la température est douce et la végétation analogue à celle des zones tempérées.

C'est ainsi que dans une bonne partie de l'Amérique intertropicale et en Asie, sur les versants moyens de l'Hymalaya, dans les montagnes de Java, etc., on a découvert des sources presque inépuisables de splendides Rhododendrons, de Begaria, de Thibaudia, et de tout ce qu'il y a de plus merveilleux dans les brillantes familles des ericacées et des vacciniées; de Fuchsia, de melastamées, de berberidées, d'Aralia, de conifères, etc., etc.

Bornons là cette revue; en voilà bien assez pour faire comprendre que loin d'être réduits à semer et resemer toujours les mêmes plantes, les amateurs de serres froides n'ont que l'embarras du choix. Quand ils voudront choisir avec discernement, cultiver avec soin et ranger avec goût, ils feront de leurs serres de délicieux jardins d'hiver ou de coquets boudoirs, où l'art horticole, défiant les rigueurs des saisons, reliera, par une chaine non interrompue, les dernières fleurs de l'automne aux roses du printemps.

III

Notions de physiologie végétale et de physique, applicables à la culture des plantes, et au soin des serres.

Nous venons de montrer le but, étudions maintenant les moyens.

Pour obtenir cette verdure éternelle et ces fleurs d'hiver que le climat nous refuse, il nous faut emprunter à des régions plus tempérées et conserver en bon état de vie et de croissance des plantes de choix, êtres organisés, qui ne peuvent parcourir les diverses phases de leur développement que dans l'ordre et aux conditions réglés par la nature. Et comme les plantes dont nous allons nous occuper ne peuvent supporter les rigueurs des climats septentrionaux, il sera indispensable de leur procurer, pendant une bonne moitié de l'année, un climat artificiel, et de les placer à tous égards dans des conditions sinon identiques, au moins équivalentes à celles pour lesquelles la nature les a formées.

Mais comment apprécier ces exigences de la nature,

comment discerner les besoins spéciaux des diverses espèces végétales, comment, enfin, trouver, à défaut des conditions climatériques qui nous manquent, des équivalents convenables, si l'on ignore absolument les principes de la physique dans ses rapports avec la végétation et ceux de la physiologie végétale, c'est-à-dire les lois en vertu desquelles les végétaux vivent, croissent et accomplissent leurs diverses fonctions?

Nous savons bien que la grande majorité des cultivateurs se passent de ces notions et ne cultivent pas trop mal; mais nous savons aussi qu'ils cultiveraient mieux et s'éviteraient bien des fautes s'ils avaient un peu de théorie pour éclairer leur pratique.

Qu'on ne s'effraie point, d'ailleurs, des grands mots : *Physiologie végétale* et *Physique horticole*. Rien n'est plus aisé que d'acquérir de ces deux sciences ce qu'un amateur en doit savoir. Ceux qui voudront nous accorder un quart d'heure de leur attention en seront bientôt convaincus.

Puisque la plante *vit* et *croît*, il est nécessaire qu'elle puise quelque part les éléments dont elle forme ses tissus, ses feuilles, ses fleurs et ses fruits.

Ces éléments, elle les trouve dans le sol, d'où elle les pompe par ses racines : c'est la *nutrition*, et dans l'atmosphère où ils sont absorbés par les feuilles : c'est la *respiration*.

Ces deux fonctions essentielles sont maintenues en activité par la *force vitale*, force dont la nature et le mode d'action échappent à nos recherches.

La nourriture brute, *la séve*, monte à travers la tige, à l'état liquide et par des milliers de canaux imperceptibles à l'œil, jusqu'aux extrémités supérieures, où la fonction respiratoire la met en présence des gaz que les feuilles puisent dans l'atmosphère. Elle subit là une élaboration, une sorte de digestion, qui la rend propre à alimenter la plante et redescend par d'autres canaux en distribuant sur sa route, à toutes les parties en voie de croissance ou en état de vie active, la nourriture qu'elles réclament.

De même que l'animal, à chaque aspiration de ses poumons, les emplit d'air pur qu'il rend aussitôt privé d'une partie de son oxygène et chargé de gaz acide carbonique, de même, la plante, plus lente seulement dans le jeu de ses organes, absorbe, sous l'influence de la lumière, l'acide carbonique de l'air et rejette l'oxygène, tandis que la nuit, c'est le carbone qui est rejeté et l'oxygène qu'elle retient.

Enfin, les gaz et les liquides absorbés, qui sont inutiles à la végétation, sont sécrétés par l'écorce et surtout par les feuilles.

Mais pour que ces fonctions vitales s'accomplissent, il faut, outre le *sol* et l'*atmosphère*, deux agents dont nous avons à peine indiqué le rôle : la *lumière* et la *chaleur*.

Nous avons dit l'influence décisive de la lumière sur la respiration et sur les sécrétions des végétaux ; c'est encore elle qui consolide leurs tissus et qui donne à toutes les parties des plantes leur couleur, leur saveur et leur arome.

L'influence de la chaleur n'est pas moindre. Elle provoque surtout l'action vitale, le développement et la maturation des bourgeons, des rameaux, des fleurs et des fruits. Mais son action est renfermée dans des limites assez étroites. En excès, elle dessèche et brûle ; est-elle insuffisante, la vie active s'arrête, et au-dessous d'un certain degré, qui varie suivant l'organisation particulière de chaque plante, celle-ci souffre ou meurt.

Les phénomènes atmosphériques, la pluie, le vent, les orages, etc., ont, sur la végétation, des influences diverses. Les pluies, outre qu'elles détrempent le sol et délayent la nourriture que puiseront les racines, servent encore à laver le feuillage et à le débarrasser de certains insectes et de certaines végétations parasites. Les vents impriment aux tiges et surtout aux feuilles un mouvement qui facilite leurs fonctions et chasse les gaz sécré-

tés et qui agit comme une sorte de gymnastique destinée
à assouplir et fortifier leurs tissus. L'électricité aussi
joue un rôle encore mal défini et dont, par suite, l'horticulture n'a pu rien tirer d'utile.

Il nous reste à parler d'un phénomène peu important
dans la physique générale, qui l'est beaucoup dans la
physique horticole : nous voulons parler de l'*humidité
atmosphérique*. L'air atmosphérique contient toujours,
à l'état de mélange, une certaine quantité de vapeur
d'eau. Plus sa température s'élève et plus il en absorbe;
en se refroidissant il se sépare de l'excédant, qui se con-
dense en brouillards, en rosée, en nuages. Cette humidité de l'air est nécessaire à la végétation, mais dans une
certaine limite, qui n'est pas la même pour toutes les
plantes. S'il y a excès, les sécrétions des plantes sont in-
terrompues ; si c'est défaut, l'air acquiert la propriété
d'absorber rapidement l'humidité de tout ce qu'il touche,
et il emprunte aux végétaux l'eau qu'ils ont puisée pour
leurs propres besoins.

IV

Conséquences et applications générales de ces principes.

On comprend déjà de quelle utilité peuvent être ces
notions pour la pratique horticole en général, mais surtout pour la culture des plantes de serre.

Si, par exemple, dans l'étroite limite du pot où on la
confine, une plante ne trouve pas les éléments qui doivent

la substanter, elle ne saura ni fleurir ni même croître. Si on laisse épuiser ces éléments sans les renouveler en temps, elle dépérira progressivement. Il se peut aussi qu'elle puise dans son pot des substances nuisibles; il y aura alors empoisonnement, et, par suite, maladie ou mort.

Les végétaux ne pouvant pomper par leurs racines qu'une nourriture liquide, si les pluies manquent et que l'arrosement n'y supplée à propos, leur vie est également compromise.

Il en est de même s'il y a excès de nourriture, pléthore; ou si le sol est trop humide et que l'eau afflue sans contenir suffisamment de matières nutritives; ou si le sol est trop compact et que l'air n'y pouvant pénétrer, les réactions chimiques, dont il est le principe, ne se font pas.

Si la plante se trouve momentanément dans une atmosphère chargée de gaz non respirables, comme la fumée des foyers, ou seulement d'un grand excès de vapeur d'eau, il y a asphyxie.

D'autre part, les innombrables bouches (stomates) par où s'opère la respiration à la surface des feuilles, peuvent être obstruées, surtout dans une serre, par la poussière et par d'autres corps étrangers. Il en résultera également une asphyxie lente.

L'air stagnant ou trop lentement renouvelé, privé du mouvement qui enlève les sécrétions et ramène incessamment aux feuilles des éléments purs, n'est pas sain aux plantes. Ce sont surtout les arbustes de serre froide à feuillages très-minces, comme les bruyères, qui ont besoin d'une ventilation active et aussi constante que possible; mais cette ventilation, on le conçoit maintenant, n'est inutile à aucune plante.

Le rôle important de la lumière dans le développement des végétaux nous explique assez pourquoi l'orangerie ne convient qu'à ceux dont la vie active est suspendue en hiver, et pourquoi la serre doit être, en général, d'autant plus éclairée qu'elle abrite des plantes d'une végétation plus constante et plus rapide.

Tout au contraire, les tiges qui se dépouillent de feuilles, les bulbes à l'état sec ou qui ont parcouru le cercle entier de leur végétation annuelle, seraient mises en grand danger si, par des arrosements copieux ou par d'autres excitations intempestives, on provoquait en elles une absorption de liquides qui ne pourraient être ni utilisés ni expulsés en temps.

Cependant, si tous les végétaux cultivés ont besoin de lumière, ce besoin n'existe pas pour tous au même degré; les uns supportent l'action directe et constante des rayons solaires, d'autres ne les aiment qu'à demi, et quelques-uns, ceux particulièrement qui sont faits pour vivre sous les bois, à l'ombre des grands arbres, les fougères, les orchidées, etc., demandent d'être tenus constamment à l'ombre.

La chaleur, indispensable dans certaines limites, nuisible au delà, est, dans la culture des serres, un agent que le jardinier tient jusqu'à un certain point dans ses mains et dont il importe absolument qu'il sache user, sans excès comme sans parcimonie. Mais ce n'est pas assez : la chaleur artificielle peut être saine ou nuisible; telle façon de chauffer peut vicier l'atmosphère. La question des calorifères est une des plus difficiles que soulève la physique horticole.

La chaleur solaire elle-même, agissant à travers le vitrage sur une serre close, où l'air ne se renouvelle qu'imparfaitement, où l'atmosphère se dessèche avec rapidité, offre plus d'un danger. Il faut apprendre à la modérer au besoin, à ombrer, à aérer, pour éviter les brûlures que le soleil cause aux feuilles et les brusques élévations de température suivies de refroidissements rapides.

On doit savoir humidifier à propos l'atmosphère des serres, et c'est là une des difficultés permanentes de l'horticulture. Dès que le calorifère ou simplement le soleil élève sa température, l'air devient avide d'eau et

dessèche d'autant plus les plantes qu'il est continuelle-
ment remplacé par l'air du dehors, lequel s'insinue par
toutes les fissures, et, entrant froid et sec, emprunte à
son tour l'humidité de la serre et des plantes avant de
s'échapper.

V

A quelles conditions on devient amateur de fleurs. — Choix d'un
terrain.—Utilité d'une bonne exposition et mesures à prendre pour
tirer parti d'une mauvaise

Celui qui se propose de cultiver les plantes doit s'assurer d'abord s'il est dans de bonnes conditions pour y
réussir. Les soins que réclament les plantes de serre sont
minutieux et parfois pénibles; il ne servirait de rien de
le dissimuler. Ils exigent de la patience et, surtout, de
la régularité. Quelques amateurs, animés du feu sacré,
recherchent les difficultés et estiment leurs plantes en
raison directe des peines qu'elles leur donnent; mais les
autres n'envisagent que les résultats et voudraient ne les
point acheter si cher. Il faut s'examiner là-dessus, et si
l'on n'a pas, chaque jour, le matin ou le soir, une heure
disponible et la volonté de la consacrer à sa serre; si
l'on ne peut, en outre, donner quelques minutes, de loin
en loin, à la surveillance, il vaut mieux s'abstenir.

On peut, sans doute, faire cultiver par un jardinier.
C'est alors à ce jardinier et non au propriétaire que nos

instructions s'adressent ; mais nous tenons pour *amateurs*, ceux-là seuls qui savent cultiver, qui connaissent les plantes et ne dédaignent pas, au besoin, de se salir les doigts.

Il importe, après ce premier examen, d'adopter, en connaissance de cause, un genre de culture ; car on ne peut les entreprendre tous à la fois. L'horticulture est un art fort complexe, et la moindre de ses branches suffit pour occuper les loisirs d'un homme d'affaires. Ce n'est pas assez de choisir la serre froide, car là encore il y a des spécialités nombreuses dont chacune exige une étude particulière.

Souvent on débute par une de ces cultures spéciales et l'on emplit sa serre des variétés d'un seul genre de plantes, Pélargonium, Azalea, Camellia, Fuchsia ; ou d'une famille, d'un groupe naturel, comme conifères, cactées ou plantes grasses, bruyères, etc. Le plus grand nombre préfère, dès l'abord, la variété et veut avoir un peu de tout. Il est plus aisé de s'attacher à un seul genre, mais la monotonie rebute tôt ou tard, à moins qu'on n'y apporte un grain de passion. Hors ce cas, nous conseillons plutôt une culture variée, une de ces jolies collections, riantes et pittoresques, dont nous avons essayé de donner l'idée. Cela, sans disputer des goûts.

Il est nécessaire de prendre une détermination préalable, parce que du choix à faire dépendront plus ou moins l'emplacement, l'exposition, la forme et les proportions de la serre, les matériaux qu'on y emploiera, ses dispositions intérieures, etc. En horticulture, tout se lie et chaque détail a sa raison d'être.

Si l'on n'est pas libre, comme il arrive souvent, de choisir son terrain, d'exposer la serre au plein soleil et de la disposer à son gré ; si même on débute par trouver une serre toute faite, alors il est préférable de procéder en sens inverse ; d'examiner à quelles plantes le lieu, l'exposition, la serre pourront convenir, et de faire son choix parmi ces plantes-là. Mieux vaut en prendre ainsi son parti que de se placer, de prime abord, dans des conditions défavorables.

Celui qui ne sera influencé par aucune considération secondaire, devra cultiver à la campagne plutôt qu'à la ville, et préférer tout au moins l'air pur aux émanations des usines et des populations agglomérées. Entre les résultats que l'on obtient, en horticulture, à la campagne ou à la ville, toutes choses égales d'ailleurs, la différence est énorme.

Quelque part que l'on s'établisse, on cherchera une situation bien ouverte, où l'air circule sans obstacle, où le soleil ait un libre accès, surtout en hiver, époque où il est rare et toujours bienfaisant. On ne placera pas sa serre dans le voisinage immédiat de grands arbres.

Si le sol est humide, on s'établira à la surface et même sur un remblai; s'il est sec, il vaudra mieux creuser un peu et descendre à deux ou trois marches en contre-bas du sol.

Il arrive, dans les villes, qu'on n'ait d'espace, pour bâtir une serre, qu'à l'étage ou sur les toits. Les serres ainsi perchées sont incommodes et trop sèches. Il ne faut pas perdre de vue la bonne saison, où les plantes de serre froide doivent, presque toutes, être mises en plein air. Si bonne que puisse être une serre, il ne vaudrait rien d'y laisser les plantes à demeure toute l'année. Il n'y a d'exception que pour un très-petit nombre de genres, les camellias, par exemple, et seulement dans de très-bonnes conditions.

Ce n'est donc pas assez d'avoir un emplacement pour la serre, il en faut un autre plus vaste où l'on puisse grouper ou disperser les plantes en plein air, de mai jusqu'à octobre, à l'ombre, à demi-ombre ou au soleil, suivant leurs besoins.

Nous n'ignorons pas, en donnant ces conseils, que beaucoup d'amateurs ne seront pas libres de les suivre. Dans les villes, où ils se concentrent presque tous, les jardins sont rares et souvent mal exposés; de grands bâtiments y font ombre, souvent pendant quatre mois de l'hiver; et, cependant, ceux qui sont le moins bien partagés ont souvent le plus de zèle. Nous terminerons ce chapitre en leur donnant, pour tirer parti des moins bonnes expositions, des conseils dictés par l'expérience.

D'abord, on construira une serre qui reçoive le plus de lumière possible et qui puisse être ventilée avec facilité. Les mauvaises expositions sont sujettes à l'humidité. Si la ventilation ne suffit pas pour en éviter l'excès, on la combattra en faisant un peu de feu, même par une température douce; mais il faudra se garder de chauffer longtemps et au point de mettre les plantes en végétation. Au contraire, il importera beaucoup de les tenir en repos au cœur de l'hiver et jusqu'au moment où le soleil, remontant sur l'horizon, viendra visiter la serre de ses rayons ou lui enverra tout au moins suffisamment de lumière diffuse. Si l'on se rappelle le rôle nécessaire de la lumière dans le développement des plantes, on comprendra toute l'importance d'un temps d'arrêt dans la végétation, correspondant avec la saison où il y a insuffisance de cet agent indispensable. Les serres mal exposées, privées de soleil en hiver, seront donc tenues plus froides que les autres. L'arrosement, par la même raison, devra y être modéré et dispensé avec beaucoup de prudence.

La condition d'une serre mal exposée, privée de soleil en hiver, se rapproche de celle d'une orangerie. Les plantes d'orangerie à feuilles persistantes seront donc celles qui s'en arrangeront le mieux, et avec elles toutes les espèces à végétation tardive, et celles qui, sans croître beaucoup en hiver, sont cependant d'une nature trop délicate pour se plaire dans l'orangerie proprement dite. Il est difficile d'établir, sur ces données, des catégories bien nettes. En général, les arbustes ligneux, d'un tempérament robuste, un peu rustiques, à feuillage ample et coriace, se contenteront fort bien de ces sortes de serres.

Citons les acacia, surtout ceux à larges phyllodes (feuilles), les mahonia, les daphne, Desfontainea, ilicium, ilex, lantana, olea, laurus, citrus, magnolia, metrosideros, myrtes, viornes, thés, pittosporum, etc.

Les camellia, que le soleil fait beaucoup souffrir, fleuriront très-bien au nord. Les épacris et un petit nombre d'espèces australiennes, également peu amies de la lumière directe, n'y viendront pas trop mal.

Il y a aussi les plantes grasses : cactées, aloès, agaves, crassules, ficoïdes, etc., plantes d'été qu'on tient à sec ou à peu près en hiver; puis les plantes alpines ou quasi-alpines, rhododendron, azalea indica, certaines vacciniées; enfin les espèces qui, à l'état de nature, croissent à l'ombre des bois, comme fougères, fuchsia, phyllocactus, ou à l'exposition du nord, comme les conifères.

On voit qu'il ne manque pas de marge.

Dans la plupart des genres, d'ailleurs, il y a des espèces plus rustiques que les autres, qui se plient jusqu'à un certain point à des traitements peu rationnels. On apprendra bientôt à les distinguer. Il ne faut pas se dissimuler, d'ailleurs, que tout cela ne végétera pas précisément aussi vigoureusement, quelque soin qu'on y mette, qu'à bonne exposition; que les fleurs y seront moins abondantes et qu'il sera bien moins aisé d'en obtenir dans les deux ou trois mois les plus sombres.

Il ne faudra compter ni sur les bruyères ni sur leurs analogues à feuillage très-menu et serré, dont le bois très-dur a besoin pour se consolider d'une vive lumière, ni sur certaines liliacées et iridées qui n'épanouissent leurs fleurs qu'au soleil. On aurait tort également d'exposer au nord les plantes herbacées ou semi-ligneuses sujettes à pourriture, ainsi que les semis d'automne ou d'été, calcéolaires, cineraires, etc., qui *fondraient* l'une après l'autre.

Les exemplaires faits, adultes, de n'importe quel genre, s'accommoderont mieux du nord, en hiver, que les jeunes plantes, boutures ou semis.

Ces préliminaires posés, nous allons passer à la construction des serres.

VI

Construction des serres. — Notions préalables. — Plan et dispositions d'une serre froide modèle.

La connaissance de certaines lois de la physique et de la physiologie des plantes est indispensable pour la construction d'une bonne serre, et, cependant, il n'est pas de branche de l'art horticole qui soit plus complétement livrée à la fantaisie ou à l'empirisme. Pour quelques serres bâties dans de bonnes proportions et pourvues de tout ce que la saine horticulture réclame, combien n'en voit-on pas qui ont été conçues tout au rebours des besoins de la végétation ! On ne peut s'en étonner si l'on songe que neuf fois sur dix on élève sa serre avant d'avoir appris à cultiver, sans notions théoriques, par imitation ou pour la satisfaction des yeux. Que si, moins confiant et cherchant un guide, l'amateur naïf s'adresse à un architecte, c'est bien une autre misère. Le ciel nous garde des serres d'architecte !

Supposons le cas le plus favorable, celui d'un amateur qui dispose d'un terrain suffisamment vaste, bien exposé, et qui n'est retenu par aucune considération d'économie ou de convenances privées. Il tient, par dessus tout, à élever avec succès une collection de plantes de choix.

Dans ce cas, il ne devra pas hésiter à se construire une serre à deux versants, avec châssis verticaux au pourtour. La figure ci-dessous représente la coupe d'une serre de ce genre.

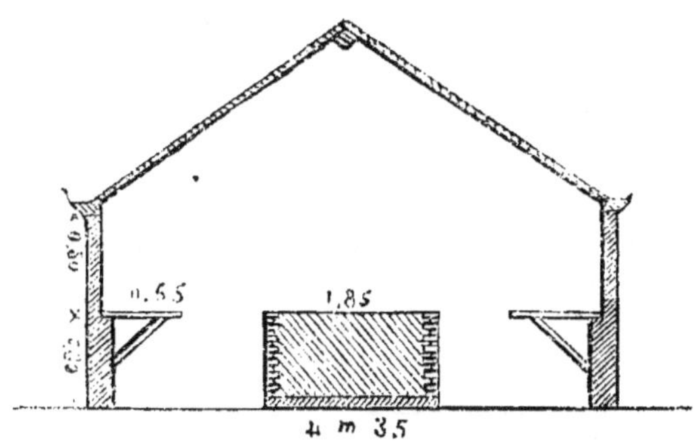

Fig. 1.

En voici les détails :

La largeur, entre murs, sera de 4ᵐ35 et la hauteur, mesurée du pavement au faîte, de 3ᵐ20. On lui donnera la longueur dont on aura besoin. Il convient cependant, pour le coup d'œil, que cette longueur soit au moins égale à deux fois la largeur, et si on peut la porter à 10 mètres, il y aura de quoi y réunir une très-jolie collection d'amateur.

Les murs d'appui auront 0ᵐ80 mesurés au dedans, depuis le pavement jusques y compris la tablette en pierre de taille dont on les couronnera. Les châssis verticaux auront également 0ᵐ80, le sommier compris.

La distribution intérieure se composera :

D'une tablette régnant tout autour de la serre à hauteur du mur d'appui ou 10 à 14 centimètres plus bas, si l'on aime d'y mettre de grandes plantes. Cette tablette aura 0ᵐ65 de largeur ;

D'un sentier faisant également le tour de la serre et large de 0ᵐ85 ;

D'un bac en maçonnerie, ayant environ la même hauteur que la tablette et occupant tout le reste de l'espace.

Nos 4ᵐ35 de largeur se répartissent donc comme suit :

Deux tablettes de 0ᵐ65 . . . . 1ᵐ30
Deux sentiers de 0ᵐ85 . . . . 1ᵐ70
Un bac de 1ᵐ35
                                        ————
                                        4ᵐ35

Ce qui nous donne en plan, sur une échelle moitié moindre que celle de la fig. nᵒ 1,

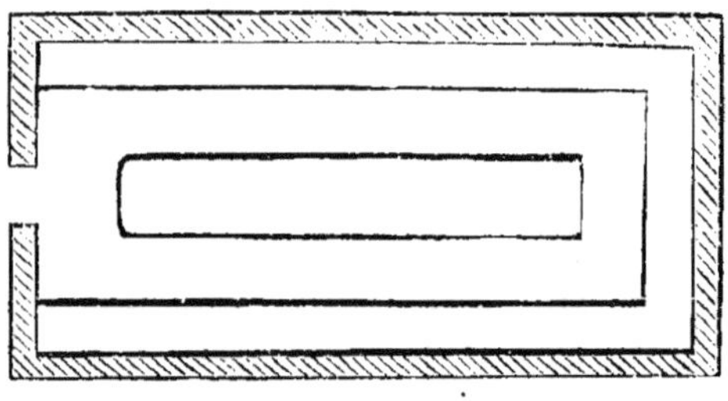

Fig. 2.

Il n'y a rien d'absolu dans ces dimensions, que nous recommandons seulement comme très-commodes et d'un bon effet.

Si l'on a des raisons pour se restreindre, on peut diminuer la hauteur en abaissant les châssis verticaux jusqu'à 0ᵐ70 et même 0ᵐ60. La hauteur au faîte décroîtra d'autant. Nous ne conseillons pas de réduire les 0ᵐ80 de hauteur du mur d'appui.

La largeur des tablettes sera suffisante à 0ᵐ60 ou même 0ᵐ55. Des sentiers larges de 75 centim. suffisent aussi. Le bac ne doit pas avoir beaucoup plus du double de la largeur des tablettes. On peut ainsi réduire la largeur totale à 4 mètres et même à 3^m70, mais les frais de construction étant les mêmes à peu près dans l'un et dans l'autre cas, il ne faut descendre à cette limite et surtout au-dessous qu'en cas de nécessité.

Les dimensions que nous indiquons, même celles de la figure 1, seraient un peu faibles pour une serre chaude, mais les arbustes de serre froide ne s'élèvent pas autant, et l'on ne doit pas, sans de bonnes raisons, s'élever plus haut que les plantes ne le demandent.

Si, cependant, on a des motifs particuliers d'en agir autrement, qu'on tienne, par exemple, à disposer sa serre en salon ou en jardin, avec une circulation plus facile, des aménagements intérieurs moins réguliers et plus pittoresques, nous conseillons de n'élever le mur d'appui que jusqu'au *maximum* d'un mètre, et de donner aux châssis verticaux le supplément de hauteur que commandera l'ensemble de la construction.

Il est rare que les serres distribuées régulièrement comme nous l'avons indiqué, dépassent la largeur de 3 mètres ou de 3^m50. Au delà, et à moins d'un troisième sentier, qui serait, jusqu'à un certain point, du terrain perdu, les plantes se trouveraient, au centre du bac et au fond des tablettes, trop loin des yeux et de la main.

Quant aux serres pittoresques, on pourrait sans doute les élargir à sa fantaisie, si ce n'était que la hauteur devant croître comme la largeur, on les ferait mauvaises et surtout très-difficiles à chauffer, par cela seul qu'elles seraient trop hautes. Il faut considérer aussi la résistance des matériaux qui n'est jamais illimitée.

Il y a plus d'économie et d'avantages en tout genre à augmenter la longueur d'une serre qu'à en exagérer la largeur et la hauteur. Si l'on tient des plantes très-élevées, on les placera sur le sol, où elles seront fort bien; on enterrera même les pots, plutôt que de dépasser les limites raisonnables.

Les motifs qui font préférer la serre à deux versants

sont qu'elle reçoit la lumière également de tous côtés et qu'on peut la ventiler en tous sens. Les plantes, éclairées derrière comme devant, sans mur qui leur porte ombre, y font facilement de belles touffes ou des têtes régulières qui se couvrent partout également de verdure et de fleurs. Placées, la plupart, à la hauteur des yeux, elles y produisent tout leur effet et se prêtent parfaitement aux dispositions pittoresques.

Les matériaux d'une semblable serre seront, à volonté, le bois ou le fer laminé. Le bois employé seul a le défaut d'être peu solide, même sous une assez forte épaisseur, et d'ôter ainsi beaucoup de lumière aux plantes, considération importante en hiver, surtout pour les serres froides. Le fer seul se prête fort mal à la construction de bons châssis, faciles à manœuvrer et fermant exactement. Le mieux est de combiner l'un et l'autre; de poser une charpente en bois aussi légère que possible, avec des encadrements de châssis également en bois et des tringles de fer pour tout le reste. On place des châssis à bascule ou à charnières non-seulement tout au pourtour, mais dans la toiture, devant et derrière et en grand nombre. Une serre froide ne saurait jamais être pourvue de trop de moyens de ventilation.

Le bac central sera empli jusqu'au bord de terre et recouvert en carreaux ou en dalles de pierre ou, si l'on veut, par une couche de fin gravier, de coke ou de scories réduits en petits morceaux. On peut le remplacer par une table. Les tables et tablettes ne seront pas faites en planches larges et assemblées tout d'une pièce; il est infiniment préférable de les former de lattes ou de planchettes clouées sur des traverses; on laisse entre elles des intervalles d'environ un centimètre par où montera la chaleur et s'écoulera l'eau des arrosements.

VII

Autres formes de serres. — Comparaison des divers systèmes. —
Distributions et aménagements intérieurs suivant les cas.

Malgré leur incontestable supériorité, les serres à deux
versants ne sont pas nombreuses chez les amateurs. Ou
le terrain manque, ou l'on tient à mettre la serre en communication directe avec les appartements, combinaison
excellente à laquelle ce genre de serre se prête peu.

On est obligé, le plus souvent, de s'appuyer par derrière sur un mur de clôture. Comme ces murs ne sont
pas généralement bien hauts, on peut se donner en partie
les avantages d'une serre à deux versants, en supprimant
par derrière les châssis verticaux et en modifiant la largeur de manière que la partie postérieure du toit vienne
s'appuyer sur le faîte du mur. On a ainsi une véritable
serre à deux versants, mais irrégulière et moins éclairée
d'un côté, préférable, en tout cas, à la meilleure serre
simple.

Supposons le mur de clôture haut de deux mètres ;
c'est le cas le plus ordinaire. On aura la forme ci-
contre, fig. 5.

Quand on doit se placer contre un mur beaucoup plus
élevé ou contre un bâtiment et en communication avec
les appartements, la serre simple, à un seul versant, est
à peu près la seule possible.

La plus usitée aujourd'hui de ces sortes de serres se

fait en fer courbe, formant toiture d'une seule pièce, d'un mur à l'autre, comme dans la figure 4.

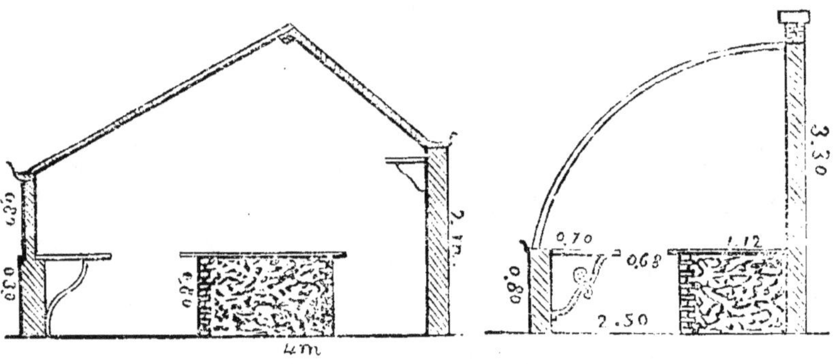

Fig. 3.   Fig. 4.

Les serres de ce genre sont assez élégantes, bien éclairées, sauf dans le fond ; défaut qui leur est commun avec toutes les serres à un seul versant. La construction en est facile, économique et d'une solidité à toute épreuve. Mais là se bornent leurs qualités. Elles ont le défaut de se refroidir rapidement, d'abord à cause du métal dont elles sont exclusivement faites, ensuite par les joints béants que présentent à l'extérieur les vitres posées sur une surface courbe.

On remédie à ce dernier défaut en fermant exactement par *le dedans* les intervalles qui subsistent entre les vitres, avec du mastic qu'on renouvelle tous les deux ou trois ans.

Ces serres sont, en outre, difficiles à couvrir en hiver et à ombrer en été, sinon par des badigeonnages. Elles ne sont pas commodes, en général, pour le service extérieur et exigent un bon calorifère.

Leur défaut capital est dans la difficulté de les ventiler suffisamment. Il n'est aisé nulle part de trouver des ouvriers capables de construire des châssis courbes en

fer à fermeture hermétique; et cependant sans châssis dans la toiture, en haut et en bas, et le plus nombreux possible, la ventilation sera incomplète et la culture régulière fort difficile.

On y supplée, tant bien que mal, en ouvrant complétement les pignons, afin d'obtenir un courant d'air d'une extrémité à l'autre, et en perçant dans le mur d'appui des ouvertures qui se ferment par des volets. Si l'on peut y joindre d'autres ouvertures dans la partie supérieure du mur du fond, on arrivera à de bons résultats.

Les serres à un seul versant sont ou étroites ou trop élevées; mieux vaut les faire étroites. L'excès de hauteur n'a que des inconvénients. Les plantes de serre froide ne peuvent être superposées, et on n'en met pas une de plus dans la serre, quelle que soit la hauteur. Dans les serres très-élevées, la chaleur se porte tout entière à la partie supérieure, et il n'est pas rare d'en trouver où il est impossible d'obtenir, au rez du sol, la chaleur nécessaire, tandis qu'on en a trop vers le faîte. L'accroissement de chaleur en allant de bas en haut dans une serre fermée n'est guère inférieur à un degré par mètre, de sorte que s'il y a 5 mètres de hauteur, on peut avoir 8 degrés (chaleur de serre tempérée), dans les parties supérieures, et seulement 5 degrés (température de serre froide), vers le bas. Les inconvénients et les dangers d'un tel état de choses sont faciles à concevoir.

On améliore sensiblement la serre à un seul versant en la disposant, comme dans la figure n° 1, avec des châssis verticaux sur le devant, encadrés dans des montants de bois, de fonte ou même de pierre. Si la largeur est faible, on peut se dispenser de courber les verges de la toiture, ou employer le bois et le fer, comme nous l'avons conseillé pour les serres à deux versants.

Avec ces éléments, en variant les matériaux, les proportions et les ornements, on élève à son gré les serres les plus élégantes et les plus riches; mais quoiqu'on fasse, l'essentiel est de ne pas perdre de vue les lois de la physique horticole touchant la lumière, le chauffage, la ventilation, l'ombrage, etc.; quand on les a bien présentes, on sait toujours jusqu'où peut aller la fantaisie architecturale.

Nous disions que les serres simples ne doivent pas être larges. On fait bon usage, pour une très-petite culture, d'une serre de 2^{m}50 distribués comme suit :

Une tablette devant.	0^{m}70
Sentier.	0^{m}68
Bac	1^{m}12
	————
	2^{m}50

Mais il n'est déjà pas aisé de soigner les plantes à 1^{m}12 de distance, sans accès par derrière, à moins qu'elles ne soient grandes et espacées. Remarquons, d'ailleurs, que le fond de ces petites serres, ombragé par un mur, n'a plus assez de lumière pour des plantes délicates. Cette observation avait décidé nos prédécesseurs à placer contre le mur du fond des étagères en gradins qui, en rapprochant toutes les plantes du vitrage, permettaient aussi d'en entasser un très-grand nombre dans un petit espace, sauf à ne les voir, la plupart, que par-dessous et à ne jouir des fleurs qu'en montant sur une échelle. De nos jours, on vise moins à avoir beaucoup de vilaines plantes qu'à en élever de belles, bien formées et à jouir de leur effet. On a donc presque abandonné le gradin.

Quand on donne à la serre simple une plus grande largeur, on doit se ménager un second sentier derrière le bac, plus étroit que le premier, car il n'est guère là que pour le service; si on aime d'utiliser l'espace le plus complétement possible, on devra ajouter de l'autre côté de ce second sentier, contre le mur du fond, une nouvelle tablette, que l'on placera assez haut, afin de la rapprocher du vitrage. Elle sera fort bonne pour les plantes grasses, pour celles qui reposent, et, en général, pour tout ce qui ne craint pas la sécheresse et exige peu de surveillance

On aura ainsi :

Tablette devant. . . . . . . de	0^m60 à 0^m80
Sentier devant	0^m65 à 0^m85
Bac	1^m20 à 1^m50
Sentier derrière. . . . : .	0^m55 à 0^m65
Tablette haute au fond . .	0^m20 à 0^m30
Total. . . . de	3^m20 à 4^m10

Ces données sont à consulter pour apprendre à utiliser très-économiquement l'espace dont on dispose, surtout en vue de la culture des arbustes de petite dimension. Si l'on en a de très-grands, de ceux qui n'exigent qu'un jour mitigé, comme Camellia, Rhododendron, etc., ou qu'on vise surtout au pittoresque, aux effets d'ensemble plutôt qu'aux détails, on peut les grouper à terre ou de toute autre façon qu'on préférera, en tenant compte seulement des besoins spéciaux des plantes.

L'usage de poser à terre les exemplaires de haute et de moyenne taille, surtout dans une serre un peu basse, est fort bon. L'humidité du sol et sa température à peu près constante sont favorables aux racines. Il est peu de plantes, d'ailleurs, qui ne soient, vues par-dessous, d'un effet disgracieux.

Nous mentionnerons, en finissant, une dernière forme de serre, plus simple et plus économique qu'aucune autre, qui rend d'excellents services aux horticulteurs, surtout comme bâche à multiplications, et qui peut suffire aux amateurs de certaines plantes peu difficiles et se contentant surtout d'une ventilation très-imparfaite : c'est une grande couche, assez haute pour s'y tenir debout, qu'on établit de 55 à 60 centimètres en contre-bas du sol. Elle se compose de deux murs de hauteur inégale sur lesquels on appuie des verges en fer droit. On y pratique quelques ouvertures aux pignons et dans les murs afin de pouvoir aérer. C'est une bonne serre à fougères, à orchidées même ; mauvaise, au contraire, pour les arbustes australiens et autres ; suffisante pour les plantes rustiques qui ne craignent pas un peu d'humidité, et pour quelques cultures spéciales. Elle chauffe presque sans feu, surtout parce qu'elle est très-facile à couvrir dans les grands froids. Il faut la faire étroite et basse. En voici un exemple :

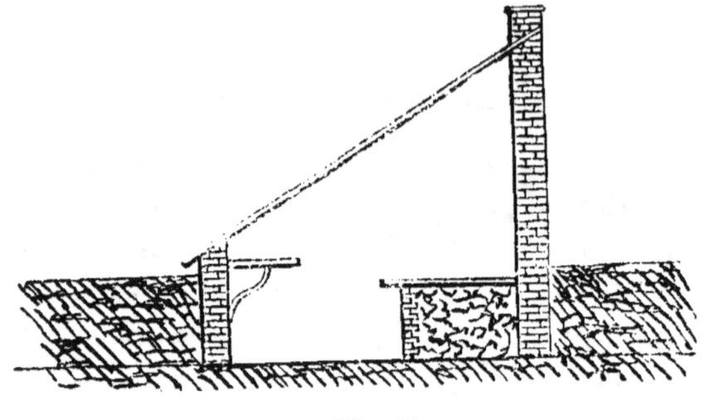

Fig. 5.

VIII

Chauffage. — Thermosyphon et conduit de fumée. — En quelles circonstances on peut se servir de l'un ou de l'autre. — Construction d'un fourneau à conduits de fumée.

Avant de poser la première brique de la serre, on doit avoir pris un parti sur le système de chauffage dont on fera emploi, sur la position du foyer, la direction des conduits ou tuyaux, etc.

De tous les procédés de chauffage tentés ou préconisé

depuis nombre d'années, deux seulement ont obtenu et conservé la faveur des amateurs. L'un est l'ancien système à conduits de fumée en maçonnerie ou en tuyaux de terre cuite, l'autre le chauffage par circulation d'eau chaude ou thermosyphon.

Entre les deux, si l'on ne considère que leur valeur absolue, le choix ne peut être douteux : le chauffage à l'eau l'emporte de beaucoup ; mais excellent en grand, surtout lorsqu'il y a plusieurs serres à chauffer, très-bon encore dans les serres de moyenne dimension, principalement chaudes ou tempérées, il ne peut s'appliquer avec le même avantage à de très-petites serres froides d'amateurs, comme on en voit tant.

Dans ce dernier cas, nous n'hésitons pas à manifester notre préférence pour la vieille méthode, dont les inconvénients sont peu sensibles quand la serre ne dépasse pas 7 à 8 mètres de long, avec un seul versant.

La serre froide n'ayant besoin que d'une température minima un peu supérieure à zéro, le nombre de jours ou plutôt de nuits de chauffage (car on ne chauffe presque jamais que la nuit) ne va pas en moyenne, pour le climat de Bruxelles, à vingt par hiver. Encore ne s'agit-il, le plus souvent, que d'une heure ou deux de feu, qu'on laisse s'éteindre lentement pendant la nuit. Une serre bien close et basse, surtout si on l'a établie au-dessous du niveau du sol, se tiendra d'elle-même à environ 5 degrés au-dessus de la température extérieure. Avec de bonnes couvertures, on gagnera aisément encore 2 ou 3 degrés. Il n'y a donc que des gelées sérieuses qui pourront pénétrer dans une telle serre, et celles-là sont rarement de longue durée. Vaut-il la peine de dépenser pour l'établissement d'un thermosyphon, dont souvent on ne fera pas usage dix fois en un hiver, une somme presque égale à tout le reste de la construction?

Quand la dimension de la serre est telle, qu'un simple conduit de fumée ne suffise plus, ou lorsqu'elle est à deux versants, et qu'il faudrait recourir à un second fourneau placé à l'extrémité opposée, il ne faut pas hésiter à préférer le thermosyphon.

Avant d'aller plus loin, nous devons encore parler théorie.

L'air, comme tous les gaz, comme tous les liquides, se dilate par la chaleur, et, devenu plus léger, se déplace rapidement pour aller occuper les couches supérieures, d'où il redescend après s'être refroidi. Les moyens de chauffage doivent donc être installés tout au bas de la serre, ce qui n'empêchera pas la partie supérieure d'être chauffée de plus vite et le mieux. Placés vers le haut, ils ne chaufferaient pas au-dessous d'eux.

Dans une serre simple, dont le toit va en s'élevant depuis le soubassement jusqu'au mur opposé, on peut accumuler tous les moyens de chauffage sur le devant et au niveau du sol, ou même au-dessous. L'air échauffé par le calorifère montera jusqu'à la rencontre du toit dont il suivra la pente ascendante et ne redescendra que par le fond, pour revenir à niveau du sol jusqu'à son point de départ, en chauffant toute la serre dans ce circuit.

Il n'en est plus ainsi dans une serre à deux versants. Là, la partie la plus haute du toit, celle où l'ascension de l'air chaud s'arrête, se trouve au centre, et si l'on ne chauffe que l'une des faces, l'autre en profitera fort peu. Il est indispensable de pouvoir chauffer dans ce cas des deux côtés à la fois.

On comprend aisément la nécessité de prévoir et de préparer le passage de ces tuyaux ou conduits de fumée de manière à ne point barrer les portes ni gêner la circulation.

Nous avons déjà indiqué au chapitre III comment tous les calorifères doivent fournir de l'air trop sec. Rappelons ici qu'en hiver, l'air qui entre du dehors, ou celui de la serre, avant qu'il ait senti l'action du foyer, n'apporte avec lui qu'une quantité d'humidité proportionnelle à sa température. Dès qu'il s'est échauffé au contact des tuyaux, son affinité pour la vapeur d'eau augmente et il absorbe rapidement celle qui vient à sa portée. Comme il se renouvelle assez rapidement, quelques précautions qu'on prenne pour fermer hermétiquement la serre, il enlève constamment avec lui l'humidité qu'il y a absorbée, et ce sont bientôt les plantes elles-mêmes qui doivent, à leur grand dommage, céder leur eau de végétation à cette atmosphère trop sèche.

C'est donc bien à tort qu'on a si longtemps accusé les conduits de terre cuite d'absorber l'humidité de la serre. Le fait est que la terre des conduits chauffés demeure aussi sèche que possible, et que remplacés par de la fonte, qui certes ne prend pas l'eau, le desséchement serait encore plus prompt. Les tuyaux pleins d'eau ou de vapeur n'en causent moins que parce que leurs surfaces ne s'échauffent qu'à un degré relativement faible.

On peut voir maintenant ce qu'il y a de mieux à faire .

Avoir de grandes surfaces de chauffe, et les chauffer à un faible degré.

L'infériorité du vieux système à conduits de fumée, vient en grande partie de ceci : qu'au voisinage immédiat du foyer le conduit est brûlant, et que les couches d'air en contact avec ces surfaces suréchauffées y acquièrent une affinité telle pour l'eau qu'elles dessèchent tout sur leur passage.

En outre l'air se vicie sur ces conduits brûlants, par la combustion des myriades d'atomes de matières animales et végétales qu'il tient toujours en suspension. On s'en aperçoit à une odeur particulière, qui ne provient pas toujours, comme on le croit, des émanations du foyer filtrant à travers la maçonnerie.

Les meilleurs palliatifs sont de donner double enveloppe aux parties voisines du foyer, jusqu'à un ou deux mètres; de faire les conduits en carreaux épais et de fort diamètre, n'ayant jamais moins de 24 centimètres de côté et préférablement 30 et 35, et surtout de n'employer ce genre de chauffage que pour des serres de peu

de longueur, où l'on puisse toujours chauffer suffisamment l'une des extrémités sans brûler l'autre.

On emploie parfois les tuyaux ronds en poterie. Nous
leur avons trouvé le défaut de casser aisément, d'être
trop minces et difficiles à obtenir d'un diamètre suffisant.
On préfère presque partout, en Belgique, les conduits en
carreaux de terre cuite assemblés comme ceci :

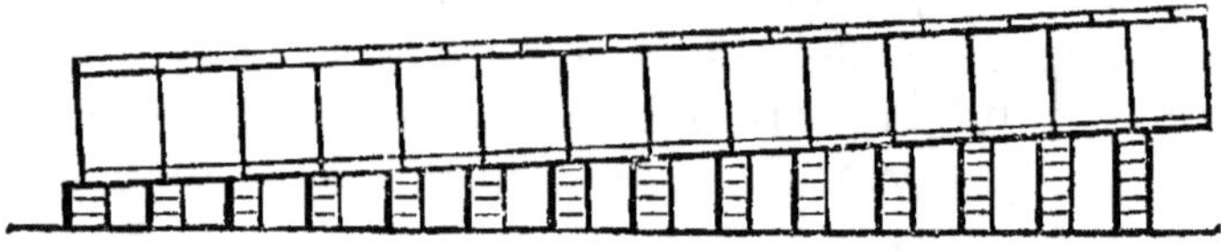

Fig. 6.

Les joints inférieurs des carreaux portent sur des dés
en briques qui laissent à découvert une bonne partie de
la surface. Ces conduits chauffent ainsi par les quatre
côtés, et assez rapidement. Ils conservent quelque temps
leur chaleur après le feu éteint. S'ils sont construits
en bons carreaux épais, maçonnés avec soin, les joints
bien emplis dedans comme dehors, ils ne laissent point
passer de fumée. Il est entendu que la cheminée devra
tirer fort, que le conduit sera balayé au moins une fois
l'an, et qu'on veillera à fermer avec du mortier, ou plutôt
de l'argile douce, la moindre fissure par où les gaz pourraient s'échapper.

IX

Construction d'un thermosyphon. — Proportions de la chaudière et
des tuyaux. — Matériaux. — Combinaison des deux systèmes de
circulation d'eau et de conduits de fumée.

L'action du thermosyphon repose sur le principe de
la dilatation des liquides dont nous parlions tout à
l'heure. A une chaudière close, placée le plus souvent
dans une cave, sous la serre, s'adapte un système de
tuyaux qui, partant de sa partie supérieure, revient,
après avoir circulé partout où il en est besoin, aboutir à
la partie inférieure de la même chaudière. Le tout est
plein d'eau et n'a d'ouverture que celle d'un petit bassin
d'alimentation placé au point culminant du système.
Quand on fait du feu sous la chaudière, l'eau s'y dilate,
s'élève dans les tuyaux en vertu de la légèreté spécifique
qu'elle a acquise, et se trouve remplacée dans la chaudière par celle des tuyaux inférieurs. Il s'établit ainsi un
courant, une circulation complète, qui porte partout la
chaleur acquise par l'eau à son passage au-dessus du
foyer.

On fait des thermosyphons de différents genres, qui
ne diffèrent du reste, entre eux, que pour la forme de la
chaudière et la disposition des tuyaux. Les plus simples
sont les meilleurs. Les appareils compliqués se dérang-
gent aisément et sont difficiles à réparer et à nettoyer.

Si, durant la réparation, une gelée survient, tout est perdu. Le plus simple et, probablement, le meilleur, se compose d'une chaudière horizontale, cylindrique (en boudin), surmontée d'un gros tuyau vertical que termine un bassin d'alimentation. Du fond de ce bassin partent un ou plusieurs tuyaux de 0^m10 de diamètre, qui vont distribuer la chaleur dans toute la serre, en descendant par une pente très-légère mais continue vers le fond de la chaudière où ils ramènent l'eau refroidie. Cette pente peut être momentanément interrompue et même renversée, pourvu qu'on ménage une sortie à l'air qui se trouverait dans certaines courbes et ferait obstacle à la circulation.

Comme les amateurs n'ont point à mettre la main à la confection des thermosyphons, et qu'il leur suffit d'en comprendre le principe et la marche pour en diriger l'application à leurs serres, nous nous abstiendrons d'entrer ici dans des détails techniques, qui seront mieux placés dans un traité de la construction et du chauffage des serres.

Les dimensions de la chaudière et, par conséquent, du foyer, doivent se proportionner à l'effet à obtenir. Quant aux tuyaux, dont le diamètre est presque toujours de 8 ou 10 centimètres, on les multiplie en raison des besoins, en les faisant passer et repasser plusieurs fois le long des faces de la serre. Disons brièvement que pour une serre froide à deux versants (fig. 1), longue de dix mètres, une chaudière de 1 mètre à 1-20 de long, sur 40 à 45 de diamètre sera amplement suffisante, et qu'une suite de tuyaux de 0^m10, équivalant à deux fois le tour de la serre, donnera partout la chaleur nécessaire.

Il convient de faire la chaudière en cuivre rouge, quoiqu'on emploie aussi la tôle de fer, surtout dans les grands établissements. Le cuivre donne une sécurité complète et, pour les petites chaudières, la forte tôle de fer coûte presque aussi cher.

Les tuyaux de cuivre sont aussi les meilleurs, mais

un bon thermosyphon, avec chaudière et tuyaux en cuivre, coûte presque autant que toute la serre. Les tuyaux de fonte, fort convenables pour les très-grandes serres, sont difficiles à établir en petit et coûtent, en ce cas, presque aussi cher que le cuivre. Reste le zinc qui rend, lorsqu'on sait l'employer, de bons services avec une dépense qui n'est que le tiers de celle du cuivre.

Les tuyaux de zinc doivent être soutenus à 1 mètre ou 1-25 au plus de distance, et par des supports en bois, le contact des crochets de fer les détruisant rapidement. On doit leur laisser partout du jeu, à cause de leur grande dilatation. Il faut employer le zinc n° 16 et même le n° 18. Le 14 est trop faible et ne durerait pas longtemps.

On remplit les thermosyphons exclusivement avec de l'eau de pluie bien propre et on évite avec soin les petites fuites ou l'ébullition, qui obligeraient à mettre souvent de nouvelle eau. Quand il n'y a ni fuites ni évaporation excessive, on chauffe tout un mois en ajoutant à peine quelques litres d'eau. Cette eau, presque toujours la même, ne peut donner de dépôt, ni former d'incrustations, et si elle dissout une très-faible quantité d'oxyde métallique, elle ne tarde pas à en être saturée. Avec cette précaution, non-seulement les tuyaux se conservent mieux, mais la chaudière n'a que très-rarement besoin d'être nettoyée. Nous avons trouvé la nôtre, après quatre ans de service, aussi nette que le premier jour.

On ne vide les tuyaux de zinc qu'en cas de nécessité, et on les remplit, aussitôt le besoin passé, avec la même eau qu'on en a ôtée. Ils doivent rester pleins l'été comme l'hiver.

Quand nous disions, au commencement du huitième chapitre, que deux systèmes seulement de chauffage étaient en usage, nous omettions à dessein les combinaisons de ces deux systèmes, qui sont assez fréquentes, soit en vue d'économie, soit pour cause d'insuffisance de l'un des deux.

Après ce que nous avons dit des conduits de fumée et des moyens d'en atténuer les inconvénients, on ne s'étonnera pas que nous soyons partisan, dans une certaine mesure, de la combinaison des deux systèmes.

Que dans une serre à orchidées, à palmiers, à fougères, où l'on a besoin d'une chaleur humide et où le foyer brûle six ou sept mois presque sans interruption, on tienne à l'usage exclusif du thermosyphon, nous le concevons, sans l'approuver absolument; mais la serre froide ne redoutant guère la sécheresse passagère et ayant surtout besoin d'un calorifère qui agisse promptement, nous ne voyons pas d'inconvénient à ajouter à l'action des tuyaux d'eau celle d'un conduit de fumée, bien joint et assez épais ou éloigné du foyer pour n'être jamais brûlant. Il y a, dans les meilleurs fourneaux, une énorme quantité de chaleur perdue, qu'on aurait tort de ne point utiliser, quand on le peut sans nuire ailleurs.

Si l'on a adopté le conduit de fumée comme principal moyen de chauffage, on peut, avec la même dépense de combustible, obtenir bien plus de chaleur, en ajoutant à ce premier moyen un petit thermosyphon de la forme la plus simple.

Il se produit, à la voûte des fourneaux de ces calorifères, une chaleur excessive, contre laquelle on doit se défendre, comme nous l'avons indiqué, en les recouvrant d'une maçonnerie épaisse, sinon l'air serait vicié et la sécheresse excessive. Mais si, au lieu de cette lourde maçonnerie, on place au sommet de la voûte une petite chaudière en cuivre, offrant une surface de quelques décimètres carrés, exposée à la plus grande ardeur du feu, avec un tuyau de zinc partant de cette bouilloire et y revenant, après avoir parcouru la serre, il est évident qu'on ajoutera un puissant moyen de chauffage à celui qu'on possède et qu'on réalisera une économie proportionnée.

Or, une petite chaudière de cuivre, telle que nous

l'entendons, coûtera au plus une trentaine de francs, et les 15 ou 16 mètres de tuyau de 0^m07 ou 0^m08 en zinc n° 16, qu'une serre simple de 7 à 8 mètres de long exigerait, vaudront au plus cinquante francs. Ajoutons en vingt pour un petit bassin d'alimentation, pour crochets et planchettes de support et pour main-d'œuvre, et nous aurons un thermosyphon de cent francs, qui payera facilement, en économie de charbon et de soins, et, mieux encore, en sécurité, l'intérêt d'une aussi faible dépense.

X.

Culture proprement dite. — Époque de la rentrée des plantes ; mesures préalables.

Voilà notre serre construite, munie de son appareil de chauffage et de tous les accessoires, entièrement disposée, enfin, pour recevoir les plantes. Supposons-nous arrivés aux premiers jours d'octobre, au moment où notre climat va devenir trop froid et trop pluvieux surtout pour que les plantes aient encore à gagner en plein air. Il faut songer à les rentrer sans perte de temps. Commençons à cette date nos instructions sur la culture proprement dite.

Nous prendrons les arbustes de l'Australie et du Cap comme types des plantes de serre froide. Leur culture résume toutes les difficultés que peut rencontrer l'amateur. Quand on saura bien les conduire, dans toutes les phases de leur développement, on sera passé maître, et tout le reste deviendra facile. Qui peut le plus peut le moins.

Nous ne voulons pas dire, bien entendu, que cette culture puisse s'appliquer indistinctement à toutes les plantes de serre froide. Il y a des genres et des espèces qui réclament des soins différents, à beaucoup d'égards, mais ce sont des particularités dont il suffit d'être informé et qui n'ont plus aucune difficulté pour des cultivateurs faits.

Pour éviter d'interrompre nos instructions en signalant à chaque instant les exceptions que tel genre ou telle espèce peuvent motiver, nous procéderons, en général, comme si toutes les plantes de notre serre demandaient le même traitement, et nous reléguerons les cultures spéciales et les précautions particulières dont elles doivent être l'objet, dans les notes jointes à la revue des genres et espèces de serre froide qui termine ce livre.

L'époque de la rentrée des plantes de serre froide est, année moyenne, le 10 octobre, pour le climat de Belgique. Il est presque toujours inutile de s'y prendre avant le 1er octobre, et il serait imprudent de passer le 15, sinon pour les arbustes les plus rustiques. Si l'on tarde un peu, on doit, du moins, tout préparer pour que la rentrée puisse se faire en très-peu de temps.

Les plantes doivent avoir reçu les derniers soins d'été. Les dépotements sont terminés depuis un mois, la taille et les pincements ont dû être opérés en temps convenable ; nos arbustes ont maintenant leur meilleure forme, et si quelques irrégularités s'y montrent encore, on les répare avant la rentrée.

Si l'on est pressé et qu'il y ait urgence, on peut rentrer les plantes en masse, sauf à les reprendre ensuite une à une, pour faire leur toilette d'automne. Mieux vaut s'y prendre à temps, en commençant par celles qui redoutent le plus le froid et les pluies.

On commence par le lavage des pots, qui se fait avec de l'eau et une brosse roide. Rien ne montre la négligence comme des pots sales, verts, sentant mauvais. Une serre à arbustes ne peut être belle sans propreté. On profite de ce moment pour ôter les vers de terre qui auraient pu s'insinuer dans le pot, et pour s'assurer que le trou inférieur n'est pas bouché et que le drainage fonctionne bien.

On enlève ensuite les feuilles mortes et les rameaux récemment défleuris, puis on gratte, avec un petit bâton de bois dur dont le bout est grossièrement taillé en lame de couteau, la mousse ou les autres végétations parasites, ou les croûtes qui se forment à la surface des pots. On enlève même, s'il se peut, sans offenser les racines, quelques centimètres de la vieille terre, qu'on remplace par de la nouvelle. Tout au moins on bine cette vieille, on la brise si elle s'encroûte et on tasse ensuite légèrement. Cette opération, comme les précédentes, est nécessaire pour amener l'air à portée des racines et pour favoriser l'évaporation du superflu d'humidité. Enfin, on nettoie les arbustes à larges feuilles sur lesquels la poussière s'est attachée. Pour les feuillages menus, la pluie ou les seringuages suffisent, mais les feuilles des camellia, par exemple, devront être frottées une à une avec un morceau de vieux calicot sec. Cette opération longue et ennuyeuse est nécessaire, surtout quand les camellia ont séjourné l'été dans la serre. On en sera indemnisé par l'aspect d'une verdure brillante et par la perspective d'une riche et abondante floraison.

Les plantes trouveront, à leur entrée en serre, un air plus sec, une chaleur plus vive et le soleil, car il ne faut pas attendre un temps couvert; les jours sont comptés et on n'en doit pas perdre. Il y en aura un certain nombre qui se faneront d'abord sous ces influences; elles inclineront le bout de leurs tiges ou replieront leurs feuilles. Cet état n'a rien d'inquiétant; il dure peu et ne se produit même pas dans les serres complétement ventilées.

Dans celles qui ne le sont pas assez, un peu d'ombrage au-dessus de certaines plantes sera utile, mais seulement pour quelques jours.

On ne manquera pas, tant que la température restera douce, d'aérer, jour et nuit, au plus large. Ce n'est guère que tout à la fin d'octobre qu'il devient prudent de fermer la nuit, quand le ciel est clair. Au soleil, on seringuera sur toutes les plantes et on mouillera le pavement, pour que la vapeur qui s'y dégagera rafraîchisse et humidifie l'air. Enfin, on fera exactement chaque jour sa tournée d'arrosement et on n'épargnera pas l'eau.

XI

Comment on range les plantes dans la serre. — Combinaison d'une bonne culture avec le pittoresque des arrangements.

L'art de ranger les plantes dans une serre a une importance que l'on n'apprécie point assez. Il faut s'y appliquer, au double point de vue du plaisir des yeux et du bien-être des plantes. Entassées confusément sans plan ni ordre, elles se nuiront mutuellement, et la serre ne sera qu'un fouillis, dénué d'attraits.

D'abord, il ne faudrait ni trop ni trop peu de plantes. Les amateurs, avides de nouveautés, arrivent presque toujours à l'encombrement, et si les masses de verdure et de fleurs, qu'ils accumulent dans un espace trop étroit, ont, au premier abord, quelque intérêt, l'œil qui cesse d'embrasser la masse pour chercher les détails, trouve bientôt à déplorer la mauvaise tournure, l'étiolement, la maigreur des exemplaires, qui sont, dans la serre froide au moins, les conséquences de cet entassement.

Il y a des plantes délicates, avides d'air et de lumière, qui réclament une place de choix sur la tablette antérieure, au midi; d'autres, plus rustiques et d'une vie plus lente, qui se placeront volontiers par derrière, au nord. Quelques-unes n'auront jamais trop de soleil et d'autres trop d'ombre. Celles-ci voudront être agitées constamment par un vent frais et celles-là ne réclameront qu'un renouvellement lent de l'atmosphère. Enfin il y aura, dans presque toute serre, certaines places plus chaudes et d'autres plus exposées aux refroidissements. Quelles sont les plantes de ces diverses catégories et comment les distinguer des autres?

Il faudrait, pour résoudre cette question préalable, entrer dans des détails presque infinis, et, néanmoins, toujours incomplets. A quoi bon, d'ailleurs? L'horticulture n'est point une science exacte, et c'est son grand mérite de laisser quelque chose à faire à l'intelligence du cultivateur. En règle générale, nous conseillons de placer au nord et dans les endroits les moins bien exposés de la serre les mêmes plantes que nous avons indiquées comme convenant pour les serres mal exposées, c'est-à-dire celles qui se rapprochent le plus des espèces d'orangerie. On y joindra les plantes qui souffrent de l'action directe du soleil, dont le feuillage passe sous ses rayons aux teintes jaunes et rouges sans mélange de vert.

La tablette du midi sera réservée aux bruyères et à leurs analogues à feuillage léger et délié, ainsi qu'aux plantes herbacées et sujettes à fondre. Celle du nord aux espèces semi-ligneuses et à tout ce qui passe l'hiver à l'état de sécheresse et de demi-repos.

Le bac central recevra, tout naturellement, les grands arbustes, qu'on rangera encore avec les mêmes précautions, les plus rustiques derrière, ainsi que ceux à qui la lumière trop directe est nuisible, et en avant ceux pour qui le soleil n'a jamais trop de rayons. Entre les grandes plantes, il y aura place pour un second étage d'espèces très-rustiques, et aussi pour les végétaux qui naissent naturellement à l'ombre des forêts, comme les fougères.

Ceci n'est qu'un premier classement; le rang de taille en déterminera un second. Les plantes très-basses, les boutures et semis, ont leur place sur les tablettes du pourtour, comme les plus hautes au centre; mais chaque groupe, à son tour, doit subir une sorte de classement par taille, soit qu'on range ensemble les exemplaires à peu près d'égale hauteur, soit qu'on les dispose par étages dans le sens de la longueur ou dans celui de la largeur des tablettes.

Nous sommes loin de recommander une régularité monotone; mais le désordre n'est beau que quand il est un effet de l'art, et avant tout il faut que les plantes, grandes ou petites, soient rangées de manière à se trouver toutes sous les yeux du cultivateur et à portée de sa main, et de telle sorte que les unes ne gênent point les autres et ne leur dérobent pas leur part de lumière.

Reste la considération de l'effet général, du pittoresque.

Tout en observant les règles que nous venons de rappeler, on doit rapprocher les espèces dont les formes s'harmonisent le mieux ou qui produisent entre elles des contrastes agréables; et en les rangeant par taille, rien de mieux que de faire surgir, du milieu de cette régularité, quelques exemplaires hauts de taille et de forme pittoresque, qui en rompent l'ensemble. On mêlera en petit nombre les liliacées, les cactées, les cyclamen, etc., suivant son goût, aux arbustes à tiges et à têtes régulières; on élèvera sur des colonnettes de beaux exemplaires de plantes d'ornement ou à tiges retombantes; on aura, si l'on veut, des corbeilles suspendues, des arbrisseaux volubiles courant sur des treillis ou le long des combles; des rocailles garnies de plantes saxatiles, ou un bassin couvert de plantes aquatiques. Tout ceci est affaire de goût et n'est sujet à aucune règle, hors celles de la bonne culture, qui doivent dominer le tout. On pourra enfin, et en sacrifiant au besoin quelques plantes de peu d'intérêt, grouper pittoresquement dans les coins, contre les murs de pignon, des massifs de verdure, d'où sortiront des fougères déliées et des plantes rampantes en contraste avec de roides yucca ou des araucaria aux formes symétriques.

En résumé, sachez bien la place qui convient le mieux à chaque espèce et qui fera ressortir ses avantages; mettez dans vos combinaisons du goût autant que de la méthode. Vous arriverez, presque sans peine, à des effets heureux, qui vous feront aimer davantage votre serre. Si, d'ailleurs, la variété vous plaît, rien ne doit vous empêcher de modifier vos dispositions, une ou plusieurs fois, dans le cours de l'hiver. Les plantes ne se trouveront que mieux d'être changées de temps en temps de position.

Nous terminerons même ce chapitre en conseillant aux amateurs qui tiennent aux beaux exemplaires, aux plantes d'exposition, ou bien à ces espèces où la forme, parfaitement régulière et symétrique, est indispensable, comme les araucaria, de ne pas les laisser constamment tournés du même côté, surtout s'ils n'ont qu'une serre à un seul versant. Sans cette précaution, les branches s'inclinent vers le midi, et celles qui font face au nord restent plus faibles.

XII

Culture d'automne. — Arrosements, seringuages, ventilation.

Voilà nos plantes installées dans la demeure qui les abritera pendant sept mois, année moyenne. Elles n'y viennent pas, qu'on s'en souvienne, pour y prendre du repos. Originaires, la plupart, de l'hémisphère sud, aux antipodes de l'Europe, elles ont leur été, dans le pays natal, lorsque nous avons l'hiver. Transportées dans nos serres, elles conservent en cette saison, qui est celle du repos pour nos végétaux indigènes, l'habitude de végéter plus ou moins activement et celle, plus précieuse, de fleurir en très-grand nombre, de novembre jusqu'en mai.

Dès la rentrée en serre, quelques-unes épanouiront leurs fleurs ou continueront leur floraison commencée à l'air libre. Nous verrons cette période d'activité florale, ralentie un instant en décembre et janvier, se dérouler surtout à partir de février, et briller du plus vif éclat pendant les trois mois qui suivent, pour s'interrompre précisément vers le temps de la sortie, quand les fleurs de plein air viennent leur succéder.

Pour le moment, nous n'avons à nous occuper que de la culture d'automne.

Dans les premiers temps qui suivent la rentrée et jusque vers novembre, il faut s'astreindre à venir chaque jour, préférablement le matin, avant que le soleil donne sur la serre, faire une ronde exacte et arroser chaque plante qui peut en avoir besoin. Cette régularité des arrosements se présente dans tout le cours de la culture comme une de ces nécessités avec lesquelles on ne transige jamais.

L'eau destinée aux arrosements devra séjourner dans la serre au moins quelques heures avant d'être employée. Nous croyons nécessaire d'y avoir un baquet assez grand pour la provision d'au moins un jour et de le tenir toujours plein, non-seulement pour que l'eau y prenne la température de la serre, mais pour qu'elle s'aère et devienne par là plus propre à dissoudre les sels dont les plantes s'alimentent.

On arrosera avec de l'eau de pluie ou, mieux encore, si l'on est à portée, avec celle d'une rivière ou d'un étang. L'eau de source vive et l'eau des puits ne valent rien; on ne les emploiera qu'à défaut d'autres, après les avoir laissées longtemps séjourner à l'air. Elles contiennent presque toutes des sels de chaux, qui dénaturent la terre de bruyère, et d'autres substances nuisibles.

Il n'est pas bon d'arroser avec des eaux troubles, le dépôt formant une croûte dont on devrait incessamment débarrasser la surface des pots.

On doit avoir ménagé, comme on le verra au chapitre des dépotements, assez de vide à la partie supérieure du pot pour pouvoir, en un seul arrosement, donner à la plante toute l'eau dont elle a besoin, c'est-à-dire tremper uniformément toute sa terre jusqu'au fond du pot. L'excédant, s'il y en a, s'écoule par le trou du fond, à travers le drainage qu'on a dû y ménager également. Si la plante était empotée trop haut et que le vide fût insuffisant, il arriverait que la superficie seule recevrait assez d'eau et que le fond se dessécherait. Ce dessèchement serait d'autant plus rapide et plus pernicieux, que c'est vers le fond que se dirigent et s'accumulent les racines principales. Une pareille insuffisance d'arrosements, prolongée seulement pendant quelques jours, devient d'autant plus fatale, que la terre de bruyère a le défaut, une fois complétement sèche, de perdre en partie la propriété d'absorber l'eau ; elle ne se mouille plus que lentement et difficilement. Alors la surface seule profite des arrosements, et tandis que rien ne paraît au dehors, sinon le mauvais état de la plante, l'eau versée en arrosements s'écoule, aussitôt que répandue, par les vides que lui ouvre le retrait de la terre séchée.

Si l'on a quelques doutes sur la suffisance des arrosements, il faut s'en assurer sans tarder, en sortant la plante du pot. Cette opération, qui ne doit déranger en rien la terre ni les racines, se fait en posant la paume de la main gauche sur la surface du pot, la tige de la plante passée entre deux doigts. On renverse alors la plante en soutenant le pot de la main droite et, au moyen de quelques petites secousses, qu'on donne en frappant le bord contre la tablette, on fait tomber la plante. La motte reste entière, moulée dans le pot et retenue par les racines, et, après la visite, on remet le pot, puis on retourne et l'on tasse en frappant du fond contre terre ou sur une planche.

Si l'on doit visiter ses plantes chaque jour, arrosoir en main, il ne s'en suit pas qu'il faille les arroser toutes indistinctement, ni même qu'on puisse mouiller jamais une plante par la seule raison qu'elle n'a pas reçu d'eau depuis plusieurs jours. Le temps n'a rien à faire là-dedans. On ne doit arroser que *quand le besoin s'en fait sentir*, c'est-à-dire quand la terre devient sensiblement sèche, eu égard à l'activité de la végétation.

Cette dernière observation est capitale en hiver. Il y a des plantes d'une nature très-charnue qui reposent alors et n'ont nul besoin d'eau, comme les agaves ; d'autres, d'une vitalité énergique, qu'on maintient dans une sorte de repos forcé en les sevrant à peu près d'eau au cœur de l'hiver (*Pelargonium, petunia*, etc.) ; d'autres dont la vie est quasi-latente et qui se contentent d'une mouillure de loin en loin. Hors de là, tout ce qui végète franchement et fleurit ou se dispose à le faire, a besoin d'arrosements réguliers et complets, et ce besoin se manifeste par le dessèchement de la surface, par le changement de couleur de la terre, qui passe de la teinte noire à la teinte grise ou roussâtre.

Il ne faut pas, surtout en hiver, se hâter d'arroser une plante dès qu'une apparence de sécheresse se laisse voir. Il n'y a nul danger à tarder quelques heures, un jour ou davantage, jusqu'à ce que le dessèchement de la surface (nous ne disons pas de toute la motte) soit bien évident. Aucune plante, sinon les espèces aquatiques, ne veut être dans un sol constamment et uniformément imprégné d'eau. Les alternatives d'humidité modérée et de sécheresse relative sont nécessaires. L'eau en excès pourrit les racines et le mal est grave, sinon sans remède. Le retard non prolongé a moins de dangers ; l'insuffisance d'eau se manifeste clairement : les extrémités des branches s'inclinent et se fanent, et toute la plante prend un air de souffrance auquel on ne saurait se tromper. Une bonne mouillure la rétablira bientôt. Si, cependant, on a trop tardé et que les parties les plus molles restent flétries et se dessèchent, la plante est décidément malade. On devra, après l'avoir suffisamment mouillée, recouper les jeunes pousses et la soigner quelque temps, en se gardant bien de faire succéder à cet excès de sécheresse un excès d'humidité qui serait promptement mortel.

En observant ces préceptes avec attention, on commettra peu d'erreurs et l'on acquerra l'expérience et le coup d'œil auxquels nul enseignement écrit ne peut suppléer entièrement. Plus tard, on saura quelles plantes se plaisent dans l'humidité à peu près constante, quelles autres se trouvent mieux de la sécheresse, etc.

Il est bon encore de savoir proportionner les arrosements à la force et à l'état de santé de la plante. Dans les plantes comme chez les animaux, les malades se trouvent bien de la diète modérée, à moins que la maladie

n'ait pour cause le manque de nourriture. Et encore,
dans ce dernier cas, ne faut-il pas brusquer trop le
changement.

Nous insistons sur cette règle, que, quand on arrose,
il faut toujours donner assez d'eau pour mouiller *toute*
la motte, sauf à laisser ensuite autant d'intervalle que
de nécessité jusqu'à un nouvel arrosement. Nous ap-
puyons fortement sur ce précepte ; il n'en est pas de
plus important.

Si l'on voit que, après plusieurs jours, une plante
demeure humide quand toutes les voisines, de force à
peu près pareille, ont été arrosées plus d'une fois, on
doit la regarder comme malade, s'assurer si le trou du
pot n'est pas bouché, si le drainage est suffisant, visiter
les racines, biner la terre par-dessus et ne lui rendre
d'eau que quand elle sèche.

Lorsque, au contraire, on ne sait pas donner assez d'eau
à une plante, qui se fane toujours avant les vingt-quatre
heures écoulées, c'est, ou que le pot devient absolument
insuffisant, ou que la motte trop desséchée laisse se
perdre l'arrosement et qu'il y a soif continue. En ce cas,
on place sous le pot une soucoupe pleine d'eau pendant
un jour ou deux, ou même à demeure si la saison ne
permet pas un dépotement nécessaire ; mais, passé les
premiers jours, on ne remplit plus la soucoupe, qui
reçoit seulement l'excédant des arrosements. Un peu
d'engrais liquide peut venir à propos dans ce cas, s'il
s'agit surtout d'espèces très-voraces.

XIII

Culture d'automne. — Insectes nuisibles. — Premiers froids et soins
qu'ils nécessitent. — Moyens de n'être pas surpris par la gelée. —
Couvertures.

Les autres soins de cette saison ne sont ni nombreux
ni importants : tenir les plantes propres, enlever les
feuilles mortes, les herbes et les mousses qui croissent
sur les pots, pincer de loin en loin une branche qui
s'emporte, après s'être assuré, toutefois, que ce n'est
pas une branche à fleurs; éviter, enfin, lorsqu'on
entretient la propreté de la serre, de soulever de la
poussière.

Les pucerons naissent, dès lors, sur certaines plantes;
on les détruit avec la fumée de tabac : un quart à un demi-
kilog. brûlé le soir dans la serre, qu'on tient fermée
jusqu'au lendemain, suffit pour une serre d'amateur. Les
kermès, cochenilles et autres ennemis du même genre
ne sont pas sensibles au tabac, même en décoction, et
sont excessivement difficiles à détruire. Cependant,
quand ils pullulent, les plantes atteintes peuvent être
considérées comme fort compromises. Il y a même certains genres, nous citerons les cœanotus, dont la culture
est presque abandonnée tant ils sont exposés à la vermine.
On a conseillé de laver les plantes avec une dissolution
d'aloès, ou avec de l'eau de savon noir mêlée de fleur de
soufre, ou encore avec l'eau de naphte très-étendue.
Nous engageons les amateurs à n'employer ces moyens

qu'avec prudence. Ils peuvent réussir, mais ils sont presque aussi dangereux pour les plantes que pour les insectes. Une brosse un peu rude, frottée avec persévérance partout où on les découvre, les détruit à coup sûr; mais les petites plantes, très-touffues, à feuilles linéaires ou fort tendres, sont par trop difficiles à débarrasser. On y réussira en les retaillant rigoureusement au printemps et en mettant la plante en pleine terre jusqu'en octobre.

Ces ennemis si redoutables ne naissent guère, d'ailleurs, que sur les plantes faibles, négligées, malades; dans les serres trop sèches, mal ventilées, où l'on ne seringue pas assez. L'humidité leur est antipathique. Quelque peine que donne leur destruction, il faut les combattre sans relâche.

On continuera la ventilation la plus large, les arrosements et les seringuages du matin dans les beaux jours, jusqu'à ce que l'abaissement marqué de la température annonce la prochaine arrivée de l'hiver.

En Belgique, c'est ordinairement du 20 au 30 octobre que les nuits deviennent sérieusement froides et les jours brumeux et sombres. Dès que les gelées blanches se produisent, il n'est plus possible de laisser la serre ouverte la nuit. On ne peut le faire sans imprudence que lorsqu'on compte sur un minimum de température de cinq degrés au moins.

On ne mouillera plus la serre, et l'on ne seringuera les plantes que quand le soleil luira efficacement. Les arrosements deviendront bien moins fréquents, mais il faudra faire encore sa ronde chaque jour. Tant que la température du jour se maintiendra au moins à six degrés, on ne manquera pas de ventiler et on le fera d'autant plus longtemps et plus complétement que la température extérieure sera plus douce et le soleil plus vif.

Bientôt le mois de novembre amènera l'hiver. Il est rare que l'on passe le milieu de ce mois sans quelque abaissement de température qui oblige à fermer le jour comme la nuit. Parfois la neige tombe de bonne heure. Il ne faut pas se laisser effrayer et se hâter de faire du feu : le plus tard est toujours le mieux. Il faut considérer que les jours sont très-courts et nébuleux et vont le devenir plus encore. Cette insuffisance évidente de lumière et l'impossibilité d'aérer assez, indiquent qu'il faut modérer tant qu'on peut la végétation. On laissera donc la température descendre, le cas échéant, à deux ou trois degrés au-dessus de zéro la nuit, et quand, dans le jour, le thermomètre de la serre voudra s'élever au-dessus de six à huit degrés, on fera bien d'ouvrir un peu. Si l'air extérieur se maintient à cinq ou six degrés, on ventilera complétement.

Les arrosements deviendront de moins en moins fréquents; à dater du milieu de novembre et jusqu'à la fin de janvier, il deviendra superflu de s'en occuper quotidiennement. Une ronde soigneusement faite à deux ou trois jours d'intervalle suffira, à moins cependant que l'on ne chauffe.

On continuera les soins de propreté et la guerre aux insectes parasites.

Si la saison se maintenait telle qu'il y eût impossibilité d'ouvrir et qu'un excès d'humidité ou la moisissure se manifestât dans la serre, il faudrait faire un peu de feu, non la nuit mais dans le milieu du jour.

La température extérieure ne tarde pas à descendre bien près de zéro et même au-dessous. C'est le moment d'une surveillance attentive, non pour le jour, où le soleil, même à travers d'épais nuages, suffit pour empêcher le refroidissement d'une serre fermée, mais pour la nuit.

Il faudra avoir deux thermomètres, l'un dans la serre, à l'endroit le plus froid; l'autre dehors, à l'ombre et à l'influence libre de l'air. L'écart entre ces deux thermomètres, le matin, avant toute action du soleil levant, sera de deux ou trois degrés pour les serres qui conservent le moins bien la chaleur et dans les nuits sereines; il sera de trois à cinq degrés avec une bonne serre, surtout si elle est en contre-bas du sol. Mais si le vent est fort ou qu'il neige, la température de la serre se rapprochera de celle du dehors.

Un rideau léger, une simple toile étendue sur la serre, suffira pour faire obstacle à la perte de chaleur par rayonnement, dans les nuits étoilées, ou pour rompre l'action du vent. On y gagnera un ou deux degrés. Si l'on dispose de couvertures plus épaisses, paillassons, nattes, panneaux en bois léger, etc., etc., ce sera le moment de s'en servir.

Lorsqu'on a constaté, par quelques observations thermométriques, l'écart de température entre la serre et l'air extérieur, on doit savoir, en consultant le thermomètre placé dehors, s'il y a utilité de couvrir ou de chauffer pour conserver au dedans les deux ou trois degrés dont on a besoin.

Mais comment prévoir le soir, avant de se coucher, jusqu'où le thermomètre sera descendu le matin? Car, en temps normal, le refroidissement est progressif et n'atteint son point extrême qu'au lever du soleil.

L'habitude d'observer le ciel et d'apprécier les circonstances atmosphériques devient nécessaire. En attendant qu'on l'ait acquise, on pourra se servir des notions générales qui suivent :

Lorsque le ciel est couvert, le refroidissement s'opère très-lentement; il est rarement de plus de deux ou trois degrés dans une nuit, surtout en novembre; mais si le ciel est serein, que les étoiles brillent d'un vif éclat, il y aura refroidissement prompt et presque certitude de gelée.

Cette dernière circonstance est aggravée si le vent souffle du nord ou de l'est. S'il vient du sud ou de l'ouest, quelque froid qu'il fasse d'abord, le progrès du refroidissement sera moins probable et un changement favorable pourra survenir dans la nuit.

La neige qui tombe, même par plusieurs degrés au-dessus de zéro, est souvent suivie d'une gelée, contre laquelle il sera d'autant plus prudent de se prémunir, que cette neige même, surtout si elle séjourne sur les vitres, est une des causes les plus puissantes de refroidissement.

Les grands vents du sud et de l'ouest, qui refroidissent aussi beaucoup la serre, ne sont au contraire que peu redoutables ; ils durent rarement vingt-quatre heures sans amener un adoucissement marqué de température.

Il faut cependant se défier beaucoup des vents qui tournent brusquement au sud après une gelée par le vent du nord. Il y a souvent, pendant un jour ou deux, non-seulement continuation mais aggravation de froid.

Le commencement de l'hiver est, sous notre climat, très-variable. S'il offre beaucoup de jours doux où la serre peut être ouverte sans crainte, il est sujet, aussi, à de brusques refroidissements, contre lesquels on doit se tenir en garde. On a vu, dès les premiers jours d'une gelée et dès la fin de novembre, le thermomètre descendre brusquement à dix ou douze degrés sous zéro. On devra donc, dès la première quinzaine de novembre, être armé contre les éventualités de ce genre.

Certains amateurs préfèrent user de couvertures et ne chauffer que quand elles deviennent insuffisantes. Il n'est pas douteux que dans les petites serres, enterrées, faciles à couvrir, point humides, on ne puisse par ce moyen économiser un tiers du chauffage. Si la couverture peut s'enlever dès le matin, pour que les plantes ne perdent rien du jour, elles s'en trouveront fort bien.

Mais les cas aussi favorables sont rares. Les couvertures sont coûteuses, incommodes, difficiles à fixer et à manœuvrer, presque impossibles sur les serres très-hautes et sur celles en fer courbe. Alors on a plus vite fait d'allumer le feu et il n'en coûte pas davantage.

Nous sommes même fort embarrassé de recommander un système quelconque de couverture. Les simples toiles ont peu d'efficacité et restent souvent collées sur le vitrage si, après une nuit de gelée, il survient un jour sans soleil. Elles sont d'un assez haut prix et ne durent que deux ans au plus. Les paillassons et les nattes durent moitié moins et sont très-malpropres. Les grands vents les enlèvent. Les couvertures d'étoupe, les vieux tapis, très-difficiles à étendre, plus difficiles à maintenir en place, deviennent hors d'usage quand la pluie ou la neige les ont imprégnés d'eau. Les panneaux de bois ou les cadres en bois avec panneaux de toile goudronnée, de carton bituminé, etc., sont peut-être ce qu'il y a de mieux, mais non pour les serres courbes, auxquelles, cependant, il y a moyen de les adapter.

On voit qu'il reste, de ce côté, beaucoup de marge pour les inventeurs.

XIV

Commencement des gelées. — Quand et comment on fait du feu. — Températures qu'exige la serre froide. — Traitement des plantes atteintes par la gelée.

Toutes les précautions de ce genre n'empêchent guère que, vers la fin de novembre ou le commencement de décembre, on ne se voie obligé de faire du feu. Nous avons vu les temps couverts et doux se prolonger jusqu'à Noël et plus loin; nous pourrions citer des hivers où une bonne serre froide, bien abritée, n'a pas eu besoin de feu dix fois; mais enfin il faut chauffer tôt ou tard. Supposons donc que le froid vienne en son temps, et voyons ce qu'il y a à faire.

Dès qu'on sent la nécessité de faire du feu, on ne doit pas attendre le dernier moment. Aucun calorifère ne donne son effet immédiatement; les meilleurs agissent après une demi-heure, d'autres après une heure, et plus tard encore s'il s'agit d'une action énergique. Or le soir, quand la gelée arrive subitement, elle fait parfois des progrès très-rapides.

On tâchera donc de s'y prendre une heure ou deux à l'avance, quand le thermomètre, à l'intérieur, n'est pas encore descendu au point le plus bas qui convienne aux plantes.

Si l'on n'a qu'un fourneau avec conduits à circulation de fumée, son action ne doit être ni trop prompte ni trop énergique; nous avons déjà dit pourquoi. Même en s'y prenant d'avance et en ne chauffant que modérément, on ne tardera pas à être incommodé par la sécheresse. On devra jeter de l'eau à terre, dans le voisinage du foyer, et en augmenter la quantité suivant l'intensité du feu. Il est même souvent nécessaire de seringuer, et la nuit aussi bien que le jour, si l'action de ce calorifère se prolonge sans interruption par suite de fortes gelées. De même les arrosements devront être plus fréquents.

Le thermosyphon ne cause pas autant de sécheresse, mais son action prolongée nécessitera cependant des précautions du même genre. De l'eau jetée sur les tuyaux chauds se répandra immédiatement en vapeurs bienfaisantes. On n'en pourrait faire autant sur des carreaux de terre cuite portés à une haute température, ils se fendraient et risqueraient de tomber en morceaux.

Le dessèchement de l'atmosphère, dans certaines serres, est un mal qu'il faut combattre sans relâche.

Il n'y a d'ailleurs aucun autre soin à prendre, pour chauffer avec le thermosyphon, que de s'assurer chaque jour si l'eau se maintient, dans le réservoir, à un niveau suffisant.

Le choix du combustible ne peut être douteux ni en Belgique ni partout où l'on est à portée de se procurer de la houille. Il y a différentes espèces de houilles, qu'on emploie indifféremment suivant la facilité qu'on a de se les procurer. Nous voulons seulement faire remarquer que les houilles grasses, très-ardentes, sont d'un emploi quelque peu dangereux dans les fourneaux à conduits de fumée, dont elles fondent les briques et font éclater les carreaux si on ne modère le tirage. Elles ont aussi le tort de ne chauffer bien que près du foyer, ayant généralement une flamme courte. Pour cet usage, les Flénu nous semblent préférables.

Pour les thermosyphons, on peut employer les unes ou les autres ; avec les charbons gras on devra avoir des grilles de foyer à barreaux minces et serrés, n'ayant pas plus de un centimètre d'intervalle, tandis que les Flénu, qui font beaucoup de cendres et de scories, veulent des barreaux plus espacés.

La manière de brûler le charbon pour en obtenir une action prompte et puissante est de l'employer en morceaux moyens ou même assez petits, sans le tasser ; de l'empêcher de coller par la chaleur en le soulevant de loin en loin et en donnant beaucoup d'air par la grille, mais seulement par la grille. Les dimensions de cette grille doivent être proportionnées à la quantité de charbon qu'on emploie à la fois, de telle sorte qu'elle soit toujours couverte par le combustible, sinon il entrerait, par l'espace libre, de l'air froid qui refroidirait les conduits ou la chaudière.

Quand il s'agit d'obtenir une chaleur très-modérée et de faire un feu qui dure longtemps, on s'y prend en sens inverse. On emploie le charbon menu, le poussier, mouillé et tassé dans le foyer pour intercepter le tirage. On peut ainsi, quand le foyer est de dimension convenable et qu'on règle à volonté le tirage, faire des feux qui durent douze heures et davantage.

Pour régler le tirage il faut une clef ou un registre

adapté à la cheminée. Cependant, lorsque les conduits de fumée circulent dans la serre, l'action de ce registre peut refouler la fumée et faire qu'elle s'échappe à l'intérieur par les moindres fissures. Nous croyons préférable, en ce cas, de régler l'accès de l'air à l'entrée du foyer par une porte ou un obstacle d'autre genre placé devant le cendrier. L'effet est le même, mais le danger cesse.

Il n'y a probablement pas une plante de serre froide qui ne puisse supporter, à couvert, une gelée de un à trois degrés, pourvu qu'elle ne dure que quelques heures. Ce n'est pas une raison pour les y exposer ; nous voulons dire qu'il ne faut pas trop s'inquiéter si, accidentellement, elles ont à subir un pareil refroidissement. On recommande de seringuer d'eau bien froide les plantes gelées. Nous n'avons trouvé à ce moyen ni inconvénients ni utilité appréciables. Ce que nous recommandons très-sérieusement, c'est d'agir avec prudence et de faire en sorte que le dégel ne se fasse pas brusquement, mais au contraire lentement, sous une température à peine supérieure à zéro. Rien ne serait plus nuisible qu'un dégel subit et une brusque transition du froid excessif à une chaleur élevée. Si le soleil venait accélérer trop le dégel, il faudrait ombrer de suite et aérer s'il était possible.

Nous conseillons de laisser la température s'abaisser, la nuit, à 2 ou 3 degrés au-dessus de zéro, pendant les mois de décembre et de janvier. Avant comme après cette saison de repos, on donnera environ deux degrés de plus. Pendant le jour, il sera très-bon que le minimum ne descende pas au-dessous de 5° dans les deux mois les plus sombres et de 6 à 8° plus tard.

Cette différence entre la température du jour et celle de la nuit n'est que l'imitation de ce qui se passe dans la nature. La température de nuit, uniformément prolongée, engourdirait les plantes et finirait par les tuer ; le minimum indiqué pour le jour les ferait végéter à contre-temps. Ces variations thermométriques leur sont très-salutaires.

Si l'on a eu le malheur de laisser pénétrer la fumée du foyer dans la serre, il faut l'en chasser au plus vite en ouvrant toutes les issues, à moins que la gelée ne s'y oppose absolument. Quand on ne le peut, il faut seringuer abondamment les plantes, le sol et les conduits chauds, afin de produire de suite une masse de vapeurs qui renouvellent l'air promptement. L'eau, jetée en quantité sur les feuilles, a encore l'avantage de boucher les pores par où elles absorberaient les gaz délétères.

XV

Fin de la mauvaise saison. — Printemps de la serre. — Taille. — Premiers dépotements. — Ombrage. — Moyen de réunir, avec une seule serre, des collections nombreuses pour les expositions.

Les travaux de l'hiver, jusque vers février, sont donc assez simples : chauffage aussi modéré que possible; peu d'humidité dans l'air et sur le sol; arrosements ménagés; point de dépotements ni de taille et très-peu de pincements; ventilation toutes les fois que la température le permet; destruction des insectes et propreté.

Dans une bonne serre, les plantes les plus délicates atteignent ainsi la fin des mauvais jours, en conservant leur fraîcheur et leur santé; quelques-unes donnent leurs fleurs en dépit de la saison, les autres se préparent à une floraison prochaine et abondante.

Vers la fin de janvier, la saison critique est finie ou

peu s'en faut. Les jours s'allongent et deviennent plus lumineux ; le soleil est bien plus rarement voilé. Ce n'est pas que des froids intenses ne soient encore à craindre, mais le froid est un ennemi que l'on peut combattre, tandis que l'on ne crée pas à son gré la lumière.

A dater de cette époque, le printemps de la serre commence ; les jouissances de l'amateur se succèdent et se multiplient, et aussi les travaux de jardinage.

Il convient de seconder ce développement de végétation par un peu plus de chaleur. Il n'est nullement indifférent d'avoir les fleurs en février et mars, quand elles manquent partout, ou de les voir s'épanouir en avril et mai, lorsque déjà les jardins leur font concurrence. Il n'y aura, d'ailleurs, que peu d'inconvénients à tenir maintenant la température de la serre moins basse, car, outre la lumière, qui ne manque plus, on pourra ventiler bien plus fréquemment et plus longtemps. Lorsque le thermomètre s'élèvera à 8 ou 10 degrés dehors, avec un bon vent fixe du sud, on ne risquera rien de laisser la serre ouverte la nuit.

Dès le milieu de février et aux meilleures expositions, le soleil devient déjà incommode. Il élève la température bien au delà du degré nécessaire et peut déterminer une trop forte ascension de séve, suivie de refroidissements nocturnes. Comme ces beaux soleils de février, si précieux d'ailleurs à la santé des plantes, sont souvent accompagnés de gelées, on ne peut pas toujours ouvrir pour tempérer leur action. On le fera cependant, même quand le thermomètre serait un peu au-dessous de zéro, mais au faîte de la serre seulement et au degré strictement nécessaire pour donner issue à l'air suréchauffé. On ferme dès que le soleil baisse. Il ne serait pas sage de placer des rideaux ni d'ombrer en aucune manière en février.

Des seringuages abondants, de l'eau répandue sur le sol, rafraîchissent aussi l'atmosphère et les plantes.

Nous avons à peine besoin de dire que les arrosements doivent redevenir plus fréquents et que la tournée quotidienne sera bientôt nécessaire. L'air doit être tenu généralement plus humide, mais non jusqu'à provoquer la moisissure. Il importe que les nuits soient plus sèches que les jours.

Avant la fin de février, la végétation a repris son activité. On fera bien de mêler un peu d'engrais aux arrosements pour les camellia et pour quelques plantes voraces dont la pousse se fait vers ce temps. Les plantes d'Australie et du Cap, les éricacées et vacciniées n'en ont nul besoin.

Les arbustes qui auront fini de fleurir pourront être rabattus (*voir* plus loin, chap. xviii), et on recommencera à pincer les branches à bois qui s'allongeraient trop ou irrégulièrement, en veillant, toutefois, à ne point supprimer les boutons à fleurs.

Dès le mois de février commence la saison des dépotements. Nous renvoyons, pour les détails de cette opération capitale, aux chapitres xviii et xx. Les dépotements de février sont nécessaires, principalement aux semis de l'été et de l'automne précédents, aux boutures et jeunes plants dont le développement a été rapide, et à toutes les plantes qui se trouvaient déjà un peu à l'étroit vers l'époque de la rentrée. Les plantes dépotées n'ont besoin d'aucun soin particulier, même quand on a retranché une bonne partie des racines enchevêtrées autour de la motte. Dans quelques cas seulement on les abrite du soleil pendant trois ou quatre jours, on les seringue de temps en temps et on les arrose avec ménagement.

Les plantes qu'on ne dépote point se trouveront bien d'un binage un peu profond, avec ou sans renouvellement de terre à la surface. Ce soin n'est pas indispensable, mais il a de très-bons effets. On fera bien de le répéter en été.

On commencera aussi, dès février, quelques bouturages à froid. La saison, cependant, n'est point favorable; mieux vaut attendre mars, et mieux encore avril. Nous en reparlerons au chapitre XXVI, ainsi que des semis, qu'il n'est jamais sage de faire en avril ou en mai, à moins qu'on ne dispose d'une couche chaude.

Dès le mois de mars, les gelées sont rares et de peu de durée. La serre reste presque toujours ouverte, au moins partiellement. Les soins à lui donner ne différeront des précédents que par une assiduité plus grande. Il y aura déjà beaucoup de plantes défleuries qu'il faudra tailler, et les pincements seront souvent utiles. Les dépotements qui n'auront pu être faits en février pourront l'être maintenant. La saison des dépotements, une fois commencée, ne finit qu'en septembre. On s'étudiera à en apprécier l'opportunité, et on visitera les racines des plantes qu'on supposera en avoir besoin.

Le soleil devient décidément trop vif pour les camellia et quelques autres plantes à large feuillage, ainsi que pour les épacris. Les fleurs, en général, ne se conservent pas bien au soleil; les unes y passent trop promptement, les autres s'y décolorent. On pourra réunir en groupes les espèces qui réclament l'ombre et les plantes fleuries, et les garantir par un rideau léger ou par un badigeonnage. On se gardera, toutefois, d'appliquer ce mode de conservation aux bruyères et aux plantes à menus feuillages, ainsi qu'aux semi-ligneuses, à moins que ce ne soit pour très-peu de jours.

Il n'est pas aisé d'ombrer convenablement, et ici, comme pour les couvertures d'hiver, les moyens économiques et tout à fait convenables restent à inventer. En règle générale, aucun ombrage ne devrait rester en place dès que le soleil baisse assez pour ne plus nuire. Tout excès d'ombre est un mal. Mais des rideaux parfaitement mobiles et tout juste suffisants ne se rencontrent guère. C'est, d'ailleurs, une sujétion pénible que celle de les manœuvrer plusieurs fois, suivant l'heure et le temps. On préfère, pour ce motif, les ombrages permanents, comme claies à claire-voie, paillassons légers, ou badigeonnages à la craie délayée dans du lait, à l'eau de chaux, à la colle, etc. Nous nous servons aussi de papier gris très-pâle collé sur les vitres à l'intérieur. Ces moyens doivent être suffisants pour les temps clairs et les soleils ardents, mais aussi, quand la saison est pluvieuse, il y a étiolement des plantes. Les badigeonnages se font à l'extérieur, où ils doivent être assez souvent renouvelés, ou bien à l'intérieur, ce qui oblige à les enlever par des lavages quand la saison est finie, et expose les plantes à être tachées par les gouttes d'eau qui tombent de la toiture.

En avril, continuation des mêmes soins. La serre restera constamment ouverte, sauf quelques cas exceptionnels. On taille, on pince, en respectant quelques graines qui se forment, par-ci par-là, sur certaines plantes de multiplication difficile. Il ne faut pas, du reste, se faire illusion sur la valeur de beaucoup de ces graines comme moyens de multiplication, et bien moins encore pour obtenir des variétés. Nos plantes australiennes, sauf les épacris, ne varient presque pas, et, quant à la multiplication par semis, si elle se fait avec avantage sur les légumineuses et sur quelques autres plantes qui ne se greffent pas, elle est sans valeur pour beaucoup dont les pieds francs restent généralement chétifs; tels sont les correa, crowea, pimelea, boronia et autres, qui se greffent au contraire avec succès et ne viennent très-bien que sur des sauvageons plus rustiques qu'eux-mêmes.

Dès le mois d'avril on sort de la serre quelques plantes des moins frileuses. Si l'on cultive les rhododendrum hymalayens, on aura dû les mettre dehors aussitôt les gelées finies, pour les faire pousser en plein air et au frais. Les érica ne se trouvent pas mal non plus d'aller en plein air dès le 15 ou le 20 d'avril. Il en serait probablement de même de beaucoup de plantes franchement alpines, mais on est mal renseigné, communément, sur l'altitude des lieux de provenance.

Les vides que l'on fait ainsi dans la serre permettent d'espacer les plantes qui y restent.

Les camellia, les azalea, les rhododendrum et les plantes en général d'une forte structure pourront être transportées dans les appartements non chauffés pour y continuer leur floraison et s'y conserver plus longtemps.

Les amateurs qui visent à réunir des collections nombreuses pour les concours, peuvent, avec une seule serre, avancer ou retarder bien des plantes et, par cette industrie qui ne coûte que des soins, augmenter l'importance de leurs envois plus qu'on ne se l'imaginerait avant de l'avoir tenté. Il s'agit de se rappeler ce principe que la chaleur n'est pas égale dans toutes les parties d'une serre et que la couche d'air la plus chaude se tient toujours en haut. Les deux ou trois degrés de différence qu'on trouve entre le niveau du sol et le haut du vitrage sont suffisants pour agir sur la végétation, surtout si l'on considère que la lumière, autre stimulant énergique, est aussi plus abondante au faîte de la serre.

Le moyen est donc celui-ci : voir un mois ou deux à l'avance, plutôt deux, quelles sont les plantes qu'on a l'espoir d'obtenir en fleurs à l'époque fixée, et ne plus les perdre de vue. Dès que l'une d'elles paraît avancer trop, on la pose sur le sol, dans un endroit frais et médiocrement éclairé. Celles qui s'attardent, au contraire, sont placées tout au haut de la serre. En continuant avec assiduité cette manœuvre bien simple, en y ajoutant le soin de sortir de la serre en plein air, quand il ne fait pas trop froid, les plantes à retarder, et de mettre dans un appartement ou vestibule non chauffé les exemplaires fleuris qu'il est encore temps de garder, on obtiendra des résultats surprenants. Les azalea indica se prêtent surtout à ces combinaisons ; on les conserve fleuris dans un appartement frais et à l'ombre, pendant un mois ou six semaines.

Les serres mal exposées, où les plantes s'attardent, en hiver, faute de lumière, ont cet avantage, si c'en est un,

de donner leurs fleurs en masse, lorsque le soleil revient
les visiter, et de les conserver un peu plus longtemps.

Quant aux appartements chauffés et habités, il ne
faut aucunement y compter ni pour avancer ni pour conserver des fleurs. Ils ne servent qu'à leur prompte destruction.

XVI

Époque de la sortie des plantes. — Comment on les dispose en plein
air. — Précautions à prendre. — Ombrages et abris. — Culture
d'été en pleine terre.

Nous voici en mai; le printemps des jardins est re-
venu et la serre, si bonne qu'elle soit, ne vaut pas le
plein air pour nos arbustes. Il faut songer à les sortir
sans délai et à leur donner, dans le jardin, une place
favorable. C'est une étude et un travail, car tous ne s'accommodent pas du même emplacement, de la même
exposition. Les ardeurs de l'été sont proches; les vents
vont les secouer, les pluies les noyer; il y a des précautions nombreuses à prendre. Il faut les garantir aussi
contre certains animaux, lombrics, limaces, perce-
oreilles, etc.

C'est du 10 au 15 mai que l'on achève de mettre les
plantes dehors. Si cependant le temps est froid ou pluvieux, on fera bien de conserver à l'abri, quelques jours
de plus, les espèces très-délicates.

Les arbustes bien conduits doivent se tenir droits sur leurs tiges, sans tuteurs et sans crainte du vent. Il y a cependant quelques exceptions, soit parmi les plants très-jeunes, non encore formés, soit parmi ceux dont les racines sont en mauvais état ou les tiges naturellement faibles et molles. On les visite avant la sortie et l'on donne des tuteurs solides à ceux qui en ont besoin.

Si le temps est tiède, couvert et un peu pluvieux, le moment sera excellent pour la sortie des plantes; on pourra immédiatement les établir à l'endroit où elles devront passer l'été. S'il fait, au contraire, un temps sec et un soleil ardent, la sortie n'en sera probablement que plus urgente, mais les plantes, celles surtout qui auront été tenues à l'ombre dans la serre, ne pourront être exposées sans transition aux rayons directs du soleil. On les mettra d'abord dans un endroit couvert, dans le voisinage des arbres ou au pied d'un mur, au nord ou au levant; au besoin sous un abri préparé à cette intention. C'est l'affaire d'une semaine tout au plus. Il importera surtout de prendre ces précautions pour les plantes qui auront été conservées dans les appartements ou qui sortiront d'une salle d'exposition. Plus longtemps elles auront été enfermées et plus leur *acclimatement* au grand air nécessitera d'attentions.

On range les plantes dehors suivant le terrain dont on dispose, en groupes, en avenues, ou disséminées çà et là, mais en observant les précautions suivantes :

On évitera d'abriter les plantes au pied d'un mur, et surtout d'un mur élevé. On se gardera également du voisinage immédiat des haies et on ne les mettra jamais sous les arbres ou les buissons à feuillage un peu épais. Il est aisé d'observer que les arbres touffus détruisent au-dessous d'eux toute végétation. On recherchera l'exposition la plus ouverte : une très-libre circulation d'air, surtout dans les terrains chauds et secs et où l'atmosphère n'est point parfaitement pure, comme dans les villes, est indispensable à des plantes recueillies, presque toutes, dans les montagnes ou dans les plaines quasi-nues de l'Afrique australe et de la Nouvelle-Hollande.

A la campagne et dans les lieux frais, l'exposition en plein soleil conviendra à la plupart des plantes : les camellia, rhododendrum, épacris, boronia, hovea et probablement quelques genres de plantes alpines seuls exceptés, et encore avec bien des réserves. On ne fera pas mal, cependant, de leur ménager à toutes un abri pour les deux à trois heures les plus ardentes du milieu du jour, mais seulement dans les deux ou trois mois de grandes chaleurs.

En ville, où la réverbération des murs et le renouvellement lent de l'atmosphère rendent les chaleurs excessives, où les rosées manquent, où le sol trop perméable est toujours sec, il sera très-à-propos d'ombrer de onze à trois heures, en juin, juillet et août. Une toile légère, mieux encore du calicot, fixé sur quatre piquets, convient très-bien. On se sert aussi de haies peu serrées de thuya. Les meilleurs ombrages seront ceux qui n'intercepteront pas le courant d'air, ne le vicieront pas par leurs propres émanations et n'ôteront de lumière que le superflu.

Les abris de ce genre ne peuvent guère servir qu'à des plantes de petite ou moyenne taille. Les grands exemplaires seront mieux disséminés dans le jardin ou rangés en avenues ; ils y serviront à l'ornementation et leurs têtes ne se déformeront pas. Les arbustes de toute grandeur, destinés à s'élever en têtes régulières ou en pyramides, devront également avoir assez d'espace pour se développer en liberté, et on les retournera de temps en temps, s'ils ont des voisins trop proches, pour qu'un de leurs côtés ne se développe pas aux dépens des autres. Quant aux petits exemplaires, qui n'ont pas encore de forme, on les pourra serrer davantage, mais jamais assez pour que leurs rameaux s'enchevètrent et que la croissance de l'un devienne nuisible à l'autre. On les dispose d'ordinaire en amphithéâtre, les plus élevés au midi, ce qui d'ailleurs importe assez peu.

Ces plantes de petite taille se posent sur des carreaux ou sur une couche de scories grossièrement brisées, de gravier ou de menu coke. Le premier moyen et le dernier sont les meilleurs pour empêcher les lombrics de s'introduire dans les pots. Il serait mieux, à certains égards, de plonger les pots jusque près du bord dans cette couche de menu coke ou de gravier : les racines y trouveraient une fraîcheur salutaire. Mais outre que ces dispositions sont incommodes et ne peuvent que difficilement être changées si quelque plante grandit trop et étouffe ses voisines, il y a encore l'inconvénient des racines qui s'échappent par le trou du fond, celui des vers de terre qui entrent par la même voie, et la pourriture qui menace quand les pluies se succèdent.

Les grandes plantes se posent aussi sur le sol, avec un carreau sous le pot et de bons piquets pour empêcher les vents de les renverser; mais il est souvent mieux d'enterrer le pot jusqu'à un pouce ou deux du bord. Dans ce cas, il faut prolonger le trou en entonnoir, de manière que l'orifice inférieur du vase pose sur le vide et qu'ainsi les lombrics ne puissent pas entrer ni les racines sortir pour s'implanter dans le sol. On se gardera bien d'enterrer les pots entièrement et de niveler leur terre avec celle de la plate-bande. Ce serait la perte des plantes.

Les arbustes alignés ou groupés peuvent être fixés ensemble, pour résister à l'effort des vents, au moyen de baguettes longues portées horizontalement sur des piquets fichés en terre de distance en distance.

Nos arbustes de serre froide, charmantes miniatures pour la plupart et admirablement propres à orner l'hiver les tablettes d'une serre, font assez maigre figure, il ne nous en coûte rien de le dire, lorsqu'ils se trouvent l'été, dénués de fleurs la plupart, et soumis à une taille rigoureuse, côte à côte des pivoines, des roses, des lis, des phlox, etc., etc. Notre été est pour eux une morte-saison ; le peu de fleurs qu'ils donnent alors est assez pâle à côté des plus belles fleurs de pleine terre, et, à part les genres qui sont spécialement cultivés pour cette saison (pelargonium, petunia, calcéolaires, etc.), nous ne conseillons pas de cultiver beaucoup de plantes de serre froide à floraison estivale.

Beaucoup de bulbes reposent en été ; il faut les conserver à sec et à l'ombre et ne leur rendre de l'eau que quand se manifeste clairement le retour de leur période végétative.

Lorsqu'on veut faire croître rapidement certains exemplaires ou rétablir des plantes qui dépérissent, on les confie à la pleine terre pendant tout l'été, dans une plate-bande de bruyère bien exposée. Ce moyen est précieux sous plusieurs rapports, et les plantes mises en pleine liberté prennent d'ordinaire un élan vigoureux, souvent même excessif ; elles deviennent luxuriantes de végétation ; mais toute médaille a son revers : les plantes ainsi poussées sont peu disposées à fleurir avant un an ou deux, et il en périt une partie quand on les remet en pots ou dans le cœur de l'hiver qui suit. Les espèces à racines peu nombreuses et peu ramifiées, longues et fibreuses, qu'il faut mettre à nu et même couper, sont extrêmement difficiles à remettre en pots sans accident. Au contraire, celles à racines très-minces, capillaires, serrées, qui, lorsqu'on les relève, gardent en motte la terre où elles ont végété, sont très-aisées à reprendre. On doit éviter de donner à ces plantes de très-grands pots. En tout cas, elles sont plus ou moins compromises, comme toutes celles qu'on rempote trop tard.

Nous nous sommes parfaitement trouvé d'avancer en pleine terre ordinaire, à bonne exposition, les yucca, agaves, cactées, littœa, dracœna et bon nombre d'autres plantes d'ornement, qui font le plus bel effet dans les jardins et dont le rempotement n'offre presque aucune difficulté.

XVII

Culture d'été. — Pluies et chaleurs. — Soins divers.

Dans les premiers temps qui suivent la sortie, les plantes seront seringuées ou arrosées sur les feuilles avec la pomme d'un arrosoir, quand le soleil deviendra trop ardent. Plus tard, ce soin est encore utile dans les temps très-secs accompagnés de chaleurs excessives.

Il ne faut cependant pas mouiller assez pour que la surface des pots reste humide jusqu'à l'heure où l'on arrose. Il deviendrait impossible de distinguer celles qui réclament de l'eau, et la régularité des arrosements est, en été, plus nécessaire que jamais.

Nous conseillons, à cette occasion, de se défier beaucoup des petites pluies d'été et même des ondées passagères qui répandent, en apparence, beaucoup d'eau; il est rare qu'elles fournissent un arrosement suffisant. Les pluies ordinaires mouillent quelques centimètres de la surface, laissant le reste à sec. Les racines ont bientôt pompé l'humidité du fond, et si cet état dure, la partie inférieure de la motte passe à l'état de poussière. Or, nous l'avons déjà fait remarquer, la bruyère une fois bien sèche, ne prend plus l'eau qu'avec excessivement de peine, et les arrosements ordinaires n'y font rien.

Pour éviter les accidents qui en résultent, on fera bien, tout paradoxal que ce conseil paraisse, d'aller arroser les plantes les plus sèches dès qu'on voit arriver la pluie. Une mouillure de plus ne nuira guère.

Les grandes chaleurs, le soleil trop ardent, les vents secs et vifs déterminent assez souvent, en été, ces desséchements excessifs des pots après lesquels la terre de bruyère ne boit plus. Il faut veiller sur les plantes qui se fanent fréquemment, qui jaunissent, qui perdent leurs feuilles inférieures et même de petites branches ou qui ne se développent pas convenablement. On visite la motte, et quand on la trouve en tout ou en partie dans cet état de desséchement, on la plonge tout entière dans l'eau pendant quelques heures.

Cet accident arrive communément aux plantes empotées trop haut; si le vide est insuffisant pour un bon arrosement et qu'on n'y puisse remédier actuellement, on les arrosera deux fois de suite.

Tant que durent les chaleurs et jusque vers le milieu de septembre, on devra arroser le soir, afin que les plantes profitent toute la nuit de l'eau qu'on leur a versée. Si on n'a de loisir que le matin, comme les arrosements seront souvent presque aussitôt absorbés que distribués et que les plantes resteraient dans une sécheresse excessive pendant la majeure partie de jour, on ne pourra guère se dispenser, au moins dans les temps les plus secs, de repasser avec l'arrosoir vers onze heures ou midi et de bien mouiller de nouveau tout ce qui tendrait à se faner.

Vers la fin de septembre, les pluies, les rosées et les brouillards fournissent déjà beaucoup d'aliment humide aux plantes; il est préférable alors de les arroser seulement le matin et de ne pas le faire sans besoin.

Lorsqu'une plante demeure humide, malgré la chaleur et la sécheresse, c'est signe, en général, qu'elle se porte mal ou qu'elle est empotée dans un trop grand pot. Il ne faut pas hésiter à lui en donner de suite un plus petit : les trop grands pots causent la mort de beaucoup d'arbustes délicats.

L'eau devra être tirée dès le matin pour arroser le soir, à moins qu'on ne dispose de celle d'une rivière ou d'un étang. En plein air, comme dans la serre, nous conseillons l'eau à peu près claire. On y mêlera de l'engrais de temps en temps pour les plantes voraces, à végétation très-rapide et à feuillage large et touffu. Quant aux arbustes ligneux, nous avons vu bien rarement un engrais quelconque leur être utile.

Les plantes, une fois établies à l'endroit où elles doivent passer l'été, n'auront plus besoin de changer de place, à moins qu'elles ne soient, à l'arrière-saison, trop ombragées et exposées à trop d'humidité. En ce cas, on ne devra pas hésiter à les mettre, vers le milieu de septembre au plus tard, en plein soleil, jusqu'à la rentrée. Si l'on n'a pas, dehors, un meilleur emplacement, mieux vaudra les rentrer avant la fin de septembre.

On a souvent des plantes faibles ou souffreteuses, que le moindre excès d'humidité peut compromettre ; pour celles-là, il faudra disposer d'un châssis vitré ou d'une toile pour les abriter au besoin contre les pluies. Il est bien entendu que nous ne parlons pas d'une couche, mais d'un simple châssis, posé sur quatre piquets, et laissant circuler l'air en tous sens.

Les plantes les plus sujettes aux pucerons n'en ont presque plus en plein air ; en revanche, les kermès subsistent fort bien dehors et y pullulent à la faveur des étés secs. On devra, pour s'en débarrasser, recourir avec persévérance aux moyens déjà indiqués et aux conseils plus développés que renferme, sur cet objet, le chapitre XXIX.

Les principaux soins que réclament en été les plantes de serre sont, outre ceux que nous venons d'énumérer :

La taille. — Le pincement. — Le dépotement.

Nous avons souvent mentionné ces trois opérations sans entrer dans d'autres détails. Nous allons maintenant enseigner comment elles se pratiquent.

XVIII

Nécessité des dépotements, de la taille et du pincement. — Comment
et quand la taille se pratique.

Dans l'état de nature, quand leurs racines ont la liberté de s'étendre et leurs rameaux de s'épanouir en tous sens, les arbres prennent spontanément la forme qui leur est propre. La séve se porte de préférence vers les branches supérieures, jusqu'à ce qu'elles aient atteint la limite de croissance qui leur est assignée; puis la tête se forme, et les fleurs viennent en leur temps, aussi abondantes et aussi également réparties que l'espèce le comporte.

Mais dans le pot étroit où se trouve emprisonnée une plante de serre, les choses ne se passent plus tout à fait de même. Elle tend bien encore vers le développement qui lui est naturel, mais la croissance des rameaux est proportionnelle à celle des racines; si la nourriture manque au pied et qu'on n'y puisse suppléer, les branches principales s'allongeront seules, les rameaux inférieurs se dépouilleront de feuilles et périront; les fleurs se montreront hâtivement et en petit nombre au sommet des branches, et l'ensemble restera grêle et dénudé. Plus l'allongement se continuera et plus la séve aura de peine à alimenter les extrémités, et l'arbuste périra d'inanition lente et de décrépitude anticipée.

Des dépotements, des engrais distribués à propos, y

pourront remédier en partie; l'arbuste maintiendra mieux ses rameaux inférieurs; il aura un meilleur feuillage et plus de fleurs; mais tous les arbustes ne supportent pas, à beaucoup près, le régime des engrais et les dépotements fréquents.

On a compris depuis longtemps qu'il fallait s'opposer directement à l'allongement exagéré des branches, par une taille raisonnée; que la séve ne se répartissant pas bien entre les branches, c'était au jardinier de rétablir l'équilibre, de raccourcir les rameaux dépouillés, d'arrêter les pousses gourmandes, de donner enfin une forme régulière à l'arbre et de provoquer la formation des boutons à fleurs.

Mais la taille n'est possible, sauf quelques exceptions, qu'une seule fois et vers le commencement de l'année seulement. Comme cette taille unique ne suffirait pas pour maintenir les plantes, on a imaginé de la compléter par le pincement.

Le pincement s'opère, au besoin, toute l'année; mais il n'est important qu'au printemps et en été. Il s'applique à presque tous les arbustes; son efficacité est évidente et il ne cause pas, comme la taille annuelle, des perturbations brusques et souvent dangereuses. Les rameaux pincés repoussent sans retard et se subdivisent. On peut ainsi, avec un peu de persévérance, obliger la séve à nourrir les branches inférieures, et répartir à son gré la vie et la force dans les diverses parties du végétal. Le pincement a aussi pour conséquence que les rameaux, également nourris, se couvrent également de feuillage et de fleurs.

La taille ne se pratique, comme nous venons de le dire, ni en automne ni en hiver. Les arbustes *toujours verts* ne souffrent que difficilement d'être dépouillés de leurs feuilles, même pour très-peu de temps; aussi, les réduire à leur vieux bois dans une saison où ils ne repousseraient pas de longtemps, serait tout au moins une imprudence. Rien n'empêche, d'ailleurs, de retrancher, en automne, une branche oubliée ou développée depuis peu aux dépens des autres; nous ne condamnons que la taille rigoureuse et générale, surtout jusqu'au vieux bois.

La vraie saison de la taille est le printemps, qui commence, pour la serre froide, dès février. On débute, en février et mars, par tailler les plantes qui ont fleuri et celles qui se développent par trop sans que leur saison de fleurir soit venue. On continue en mars et jusqu'en juillet, suivant le degré de végétation et pour les espèces qui ne fleurissent pas plus tôt. Passé ce terme, la taille serait tardive et l'on risquerait de n'avoir, pour passer l'hiver, que des pousses trop faibles et mal aoûtées.

La taille consiste généralement à rabattre les branches défleuries et à les rapprocher de manière à rendre aux arbustes la forme trapue qui leur convient, et dont on a dû les laisser s'écarter quelque temps pour favoriser la formation des boutons à fleurs. On opère à peu près de même sur les jeunes plantes qui n'ont pas encore fleuri et qu'on n'a pu modérer par de simples pincements.

Il y a, par exemple, dans quelques arbustes, une production plus ou moins fréquente de branches gourmandes qui absorberaient à elles seules la majeure partie des sucs nourriciers. Si on ne les a pas pincées dès l'origine, il faudra les rabattre rigoureusement ou les retrancher tout à fait. Dans certaines plantes, cette production de pousses gourmandes est telle que la floraison y avorte si on ne les arrache dès leur apparition; tel est le joli jovellana punctata, le tremandra ericoïdes, quelques escallonia, etc. En revanche, quelques plantes buissonnantes, impropres d'ailleurs à la forme arborescente, ne fleurissent bien que sur les jets vigoureux qui partent des racines.

Si les branches trop serrées se gênent ou si la plante tend à pousser plus vigoureusement d'un côté que des autres, la taille doit l'éclaircir ou la régulariser. L'équilibre est nécessaire dans la végétation, pour le bon aspect comme pour la floraison parfaite, et toute branche inutile nuit à ses voisines. Il y a toujours, dans un arbuste à tête ou de toute autre forme un peu touffue, des ramilles étouffées à l'intérieur, qui dépensent de la séve en pure perte ; en les supprimant, on donne de l'air et de la force au reste. Il faut des plantes bien garnies, mais non jusqu'à l'excès : pousses et fleurs doivent trouver leur place, sans confusion.

Il est souvent nécessaire, surtout pour rétablir les vieux pieds négligés, de les rabattre, au printemps, jusque sur le vieux bois, au point même de les réduire à quelques tronçons de branches totalement dégarnis de feuillage. Ces opérations sont toujours dangereuses, et il y a des arbustes qui ne les souffrent pas. Le camellia s'y prête à demi, les pimelea en meurent presque toujours ; les éricacées, les vacciniées s'en accommodent au contraire, mais point toutes ni au même degré. Il ne faut risquer ainsi que des plantes auxquelles on ne tient plus. Une taille moins rigoureuse et des pincements bien entendus font à peu près le même effet en plus de temps.

Quoique le canif ou la serpette soient les meilleurs outils pour la taille, on est cependant obligé de se servir du sécateur pour pénétrer au milieu de certaines touffes et pour dégarnir sans danger les têtes chargées d'épines ou de phyllodes piquants, très-communs dans la végétation de l'Australie. Les gros exemplaires de plantes un peu rustiques se taillent d'ailleurs fort bien avec un bon sécateur, et cet instrument est encore utile, à moins qu'on ne le remplace par des ciseaux, pour tondre les têtes très-touffues de certains arbustes peu délicats, dont les ramilles trop nombreuses rendraient une taille normale impossible, comme les diosma à petites fleurs, quelques érica, gnidia simplex, pimelea decussata, etc.

La tonte achevée, on fera bien de supprimer quelques rameaux dans les parties trop serrées.

XIX

Du pincement et de ses diverses applications. — Les formes qu'on
peut donner aux plantes. — Traitement des jeunes sujets.

Lors même qu'on a pratiqué la taille en temps voulu et
convenablement, on ne tarde pas à s'apercevoir que les
arbustes cultivés en pots ne produisent, en général, que
des branches peu nombreuses, et qui s'allongent parfois
outre mesure. C'est l'office du pincement d'achever ce
que la taille a commencé, en forçant la plante à pousser
plus court et à se ramifier davantage.

Pincer, expression fort impropre, signifie couper,
avec les ongles ou autrement, ou arracher l'extrémité
encore verte d'un rameau en végétation. La séve, contra-
riée dans sa marche, afflue dans les yeux voisins du
sommet et les fait se développer rapidement. Au lieu
d'une pousse on en a deux, trois et plus. Si ces nouvelles branches s'allongent à leur tour plus que de besoin, on réitère le pincement, jusqu'à ce que la plante
ait pris tout entière la forme voulue, qu'elle soit suffisamment touffue et également garnie de rameaux. Si l'un
des côtés tend à croître trop vigoureusement, on le pince
de plus près, et au besoin on y ajoute une taille partielle.
Les pousses gourmandes sont pincées court ou suppri-
mées.

Ce traitement se continue avec plus ou moins de rigueur, suivant le tempérament des plantes, jusque vers l'époque où les boutons à fleurs doivent se former. C'est là un point délicat : on ne sait pas toujours quand devra fleurir une plante, et si quelques-unes, même pincées trop tard, n'en fleurissent pas moins sur toutes les ramilles qui leur restent, d'autres ne font de boutons que pour autant qu'on les laisse s'allonger. On tâtonnera un peu, dans le principe, on se guidera sur l'analogie, et on risquera, au besoin, de négliger la forme, quitte à se rattraper à la taille prochaine.

Les pincements ne se pratiquant que sur les pousses vertes, avant même le complet développement des feuilles, il est inutile de faire remarquer qu'il est peu applicable aux arbustes à large feuillage et à très-grosses fleurs, peu rameux par nature, qui ne font guère qu'une pousse annuelle, à l'extrémité de laquelle se produisent très-longtemps à l'avance les boutons à fleurs. On pince cependant avec avantage les camellia, qui n'en fleurissent pas plus mal. On oblige les rhododendrum et quelques arbrisseaux semblables à se ramifier en cassant le bourgeon terminal un peu avant son développement.

Il y a un certain nombre de plantes qui, une fois adultes, conservent longtemps leur forme. Il y en a d'autres dont l'effet n'est complet que quand leurs rameaux s'allongent beaucoup et s'inclinent chargés de fleurs. On doit respecter, dans une juste mesure, toutes les formes pittoresques. Le pincement a pour but de multiplier les rameaux et les fleurs et de compléter l'effet de la taille ou de la remplacer, mais il ne doit pas s'appliquer sans intelligence ni substituer une forme de convention, toujours la même, au port naturellement pittoresque de certaines espèces. Son but est surtout de produire des touffes épaisses ou des têtes bien garnies d'arbustes à petites fleurs, qui sont d'un effet médiocre ou nul, si on les abandonne à eux-mêmes, et qui deviennent ravissants lorsqu'on sait y provoquer une floraison abondante. Quant aux arbrisseaux à très-grandes fleurs, ils brilleront toujours plutôt par l'éclat et le volume que par le nombre de leurs inflorescences.

Le pincement est d'une application très-utile aux plantes herbacées, qu'il décide à former d'épais buissons depuis le sol, et même aux arbustes grimpants qui, livrés à leurs tendances naturelles, s'allongent outre mesure en se dégarnissant par la base. On arrive même, par des pincements bien faits, à transformer en magnifiques arbrisseaux à tige droite et à tête, des espèces très-sarmenteuses, comme la glycine de Chine, en pleine terre, et en serre le beau bignonia à feuilles de jasmin.

Les formes que la taille et le pincement peuvent donner aux arbustes ne sont pas nombreuses, et, comme on vient déjà de le voir, on ne peut leur imposer arbitrairement l'une ou l'autre. L'art et le goût doivent aider la nature ; ils ne peuvent la changer.

Il n'y a que les plantes herbacées et traçantes qu'on élève en touffe sur plusieurs tiges. Pour les espèces ligneuses ou semi-ligneuses, une tige unique est le point de départ obligé, soit qu'on veuille former des têtes ou de simples buissons.

Les buissons très-bas conviennent pour quelques espèces qui bourgeonnent constamment du pied et ne manifestent au contraire aucune disposition à s'élever en arbres. On les tient médiocrement touffus, en s'opposant à l'excès de leur végétation inférieure. Les plantes semi-ligneuses, pelargonium, verveines, petunia, etc., ne s'élèvent guère qu'en buissons nains. Il en est de même de beaucoup d'épacris, d'érica, d'andromèdes, de vaccinium, etc.

La forme pyramidale est fort gracieuse mais très-difficile à maintenir. On ne doit l'essayer que sur les espèces qui s'y prêtent tout naturellement, en la favorisant par des pincements et en contenant surtout les branches supérieures.

Le reste des arbustes se taille en tête globuleuse ou demi-globuleuse, sur tige basse, moyenne ou élevée.

Cette variété de formes et de tailles est essentielle; une belle collection ne se compose pas seulement d'espèces variées et bien assorties, mais aussi de plantes de diverses grandeurs et de formes différentes, entremêlées avec intelligence et se faisant valoir mutuellement.

Nous avons dit qu'on ne doit pas arbitrairement, en dépit de la nature, imposer aux arbustes telle forme plutôt que telle autre. Il en est de même de la hauteur des tiges : quoiqu'on ait, en général, beaucoup de latitude à cet égard, il faut savoir s'arrêter à temps, au point où la plante elle-même est naturellement disposée à limiter sa croissance verticale. Il y a, d'ailleurs, une règle de goût qui s'accorde fort bien avec ces tendances naturelles : nous cultivons des arbres vigoureux, à puissant feuillage et des arbustes nains couverts de feuilles linéraires, plus semblables à des épines; n'y aurait-il pas contre-sens à arrêter tout près du pot les premiers, à les réduire à la condition d'arbustes, tandis qu'on forcerait de grêles arbustes à porter au haut d'une longue tige leurs feuilles mignonnes et leurs petites fleurs?

C'est dès le début et, pour ainsi dire, à sa naissance, qu'il faut façonner une plante. Aussitôt qu'une bouture bien reprise commence à croître, on doit choisir la forme qu'elle prendra. Si l'on veut une touffe ou un buisson très bas, on l'arrêtera de suite en pinçant l'extrémité de la pousse, et on réitérera les pincements en maintenant un juste équilibre entre les branches. Si l'on veut obtenir une tige haute ou basse, on laissera la bouture s'allonger d'abord, en la dressant contre un petit tuteur si elle fléchit. Quand les branches latérales se montreront, ce qui arrivera presque toujours, plus bas qu'on n'en aura besoin, on en laissera croître une partie, assez pour donner de la force aux racines, mais en les contenant et en favorisant toujours la croissance de la tige principale. Si celle-ci, en s'allongeant, restait grêle, incapable de se soutenir, ce serait signe qu'elle aurait crû trop vite et peut-être au delà de ce qu'il convient à l'espèce. On fera bien alors de la rabattre jusqu'au point où elle sera assez forte, et soit qu'on se décide à l'arrêter là, ou qu'on profite plus tard d'une nouvelle pousse pour prolonger la tige, il n'y aura pas de temps perdu : une tige trop faible porte rarement une belle tête.

A mesure que la tige principale s'élève, elle fournit de nouvelles branches latérales, dont on continue à modérer la croissance et qu'on supprime même en partie. Enfin, lorsque la tige est arrivée à la hauteur voulue, on la pince pour l'arrêter définitivement. On devra en même temps pincer ou supprimer les branches latérales qui prendraient trop de force et, sans cependant interrompre brusquement la végétation, diriger le cours principal de la séve vers l'extrémité de la tige. Il ne tardera pas à se développer sur ce point deux ou plusieurs branches nouvelles en remplacement de la tige unique. Ce sont ces branches qui devront former la charpente de l'arbuste. Trois suffisent, quatre ou cinq ne peuvent nuire ; on ne doit pas chercher à en obtenir davantage. Dès que ces branches se sont assez fortifiées pour attirer à elles la séve ascendante, on commence la suppression des rameaux latéraux dont la tige est restée plus ou moins garnie et on l'achève progressivement, à mesure que se fortifient les branches à conserver.

Nous avons à peine besoin d'ajouter que ces branches principales sont pincées à leur tour à longueur convenable ou rabattues à la taille du printemps.

Il est également inutile de dire que, pour la pyramide, ce sont ces branches latérales qui devront être conservées, tandis que la tige sera contenue prudemment au profit de la végétation latérale et surtout inférieure.

XX

Dépotements. — Principes. — Dimensions des pots. — Terres. — Bonne terre de bruyère. —Moyens de la reconnaître. — Comment on en peut fabriquer. — Composts.

Une jeune plante, de semis ou de bouture, bien reprise, qu'on repique dans un pot isolé, a bientôt étendu ses racines jusqu'au pot qui la renferme. La plante de semis les dirigera surtout droit vers le fond ; la bouture les aura plutôt horizontales. Les unes comme les autres, à la rencontre de la poterie, devront se contourner entre le pot et la motte de terre qu'il renferme, et avec le temps, en quelques mois, en un an ou davantage, suivant la force de la végétation et la nature des racines, il se sera formé, au fond et au pourtour du pot, un lacis inextricable de menues racines, dont les unes périront, tandis que les autres continueront à croître et à se ramifier, en occupant de plus en plus d'espace dans le vase.

L'absorption continue dont les racines sont les organes, la filtration qui s'opère quotidiennement par les arrosements et l'évaporation, conséquence des réactions chimiques des éléments contenus dans le pot, les uns sur les autres, ont bientôt enlevé à cette minime quantité de terre ses parties nutritives. La plante ne tarde pas à souffrir, et par manque de nourriture et par défaut d'espace. Les engrais liquides peuvent suppléer parfois à la nature épuisée, mais outre qu'il est très-difficile de les approprier aux tempéraments fort divers de nos arbustes et même d'en trouver qui conviennent, à un degré quelconque, à certains d'entre eux, ce mode de traitement n'a qu'une action limitée, et il est évident que tôt ou tard il faudra donner à la plante plus d'espace pour étendre ses racines et de la terre nouvelle pour la nourrir.

Les cultivateurs inexpérimentés, croyant imiter en cela ce qui se passe dans la culture en pleine terre, s'imaginent que le mieux est de donner tout d'abord de grands pots, et que la plante grandira d'autant plus vite qu'elle aura plus d'aliments et plus de liberté pour ses racines.

C'est une grave erreur.

Dans la pleine terre des jardins, les plantes ou les arbres trouvent un sol plus ou moins meuble, perméable, où l'humidité se répartit de haut en bas par filtration et de bas en haut par résorption (capillarité), de manière à y être rarement en excès. Fait-il trop sec, les racines s'allongent et se ramifient pour chercher leur nourriture plus profondément; l'humidité surabonde-t-elle, leur croissance se ralentit momentanément, tandis que l'activité des fonctions de secrétion s'accroît. Mais en serre, dans des pots où l'arrosement apporte l'eau en masse, où la terre est plus ou moins tassée, où l'évaporation se fait mal, où le drainage ne supplée qu'imparfaitement à l'infiltration devenue impossible, les excès d'humidité sont fréquents et doivent provoquer des réactions chimiques, des fermentations acides fatales aux plantes.

Quand les plantes sont à l'étroit dans un petit pot, l'activité de leurs fonctions vitales a bientôt utilisé l'eau surabondante; mais s'il n'y a qu'une petite plante dans un grand vase, son action sur la terre qu'il renferme est à peu près nulle, et à moins que le soleil ou les vents ne lui viennent en aide, elle est exposée à la pourriture ou à d'autres accidents non moins funestes.

Il est aisé de se convaincre par l'observation directe que, là où les plantes sont faibles et absorbent peu, la terre des pots sèche très-lentement, tandis que toute l'eau qu'ils renferment est absorbée en moins d'un jour quand ils servent à une plante proportionnellement grande et en plein travail de végétation.

Il est impossible de représenter par des chiffres la proportion nécessaire entre une plante et son récipient. Nous verrons plus loin à la faire apprécier. Nous n'avons voulu, pour le moment, qu'établir théoriquement la nécessité des dépotements progressifs et d'une certaine proportion entre le pot et son contenu.

Avant de procéder aux dépotements, il faut être muni des terres ou des mélanges de terre (composts) convenables et de pots bien conditionnés.

La terre de bruyère est un des éléments les plus essentiels pour la culture des arbustes de serre froide. Pure ou mélangée en diverses proportions avec du sable blanc, du terreau de feuilles ou de la terre franche, et quelquefois avec ces divers ingrédients combinés, elle forme le sol indispensable à la plupart des plantes élevées en pots.

Toutes les terres de bruyère ne se valent pas; il est rare, au contraire, d'en trouver de bien bonnes, et beaucoup sont de telle nature que la culture des espèces très-délicates y est impossible. Il faut rechercher celles qui sont formées exclusivement de débris végétaux, lentement transformés mais non décomposés jusqu'à n'être plus reconnaissables, et de sable siliceux. Si le sable y manquait, il faudrait l'ajouter en proportion variable, suivant les cultures, depuis un sixième environ pour les plantes voraces, jusqu'à un tiers pour les bruyères, épacris et autres genres à racines capillaires. Le sable employé doit être rude au toucher, à grain assez gros, sans mélange de matières ferrugineuses, alumineuses ni calcaires. On fait bien de le laver avant de s'en servir.

On recueille la terre de bruyère dans les bois de chênes, de préférence aux endroits découverts et secs, où elle se couvre de plantes de la bruyère commune (calluna vulgaris). Elle a une couleur rousse, est légère et peu adhérente et ne forme point pâte lorsqu'on la pétrit entre les doigts.

On enlève les gazons, en prenant soin de ne pas tailler au-dessous de la couche de bruyère, et on les empile les uns sur les autres, en gros tas, pendant une couple d'années, jusqu'à ce que la bruyère et les autres débris soient à leur tour quelque peu décomposés. On les brise ensuite, en enlevant au râteau les tiges et les grosses racines, et elle peut être employée.

On recueille aussi, dans quelques endroits des bois secs à essences dures, de la terre de bruyère formée à couvert dans les vieilles souches principalement, et qui est très-légère, fibreuse et assez bonne, moyennant ample addition de sable.

Il se forme, d'un autre côté, dans les bas-fonds dont le sous-sol n'est pas bien perméable, des mares qui conservent l'eau des pluies pendant la mauvaise saison et où les feuilles tombées, les herbes, les joncs, les plantes de marais et d'autres débris végétaux se décomposent rapidement en une terre noire ou grise, qui tient le milieu entre la bruyère et la tourbe. Cette terre ne vaut rien.

La meilleure terre de bruyère n'est qu'une sorte de terreau de feuilles et de menus débris, décomposés à sec et lentement. On peut très-bien en fabriquer par le procédé que voici : on recueille dans les bois, en hiver, les feuilles sèches provenant des chênes, hêtres, charmes et de toutes les essences dures ; qu'elles y soient, du moins, en forte proportion. On les amasse dans des fosses profondes de deux ou trois pieds ou au delà, pourvu que le fond en soit au-dessus du niveau des eaux et assez perméable pour que les pluies n'y séjournent pas. On tasse ces feuilles et on les laisse se décomposer sous l'action très-lente de l'air, de l'humidité du sol et du peu de pluie qui parvient à s'y infiltrer. Il ne doit résulter de leur accumulation ni pourriture ni fermentation apparente. Dans ces conditions, la transformation des feuilles en terreau ne se fait qu'après un grand nombre d'années, jusqu'à douze ou quinze ans. La terre est bonne à employer quand toute la masse a pris une couleur roussâtre, qu'elle se défait facilement entre les doigts sans se pulvériser et que les feuilles ont disparu ou ne laissent plus que des traces. Cette terre artificielle, comme toutes les bonnes terres de bruyère, ne forme point pâte dans les pots, tandis que les terres tourbeuses deviennent noires, grasses, adhérentes, compactes, à ce point que les racines n'y peuvent souvent plus vivre.

On conserve la terre de bruyère, une fois faite, à l'air et à sec. Si elle est prise à son vrai point de décomposition, elle sera excellente pendant deux ans environ ; au delà de ce terme, surtout si elle est un peu humide, elle noircira et perdra beaucoup de ses qualités.

Les autres ingrédients employés dans la culture des plantes en pots sont de peu d'utilité si l'on se borne aux arbustes d'Australie et du Cap et à leurs analogues. Un peu de terre franche (terre de prairie, argile *douce*), dans la proportion d'un cinquième au plus, pour les grands arbustes à développement très-rapide, suffit à tout.

Pour la culture des plantes voraces, généralement semi-ligneuses, comme pelargonium, petunia, verveines, etc.; pour les fuchsia, lantana, cactus, etc., on fait divers mélanges où le terreau de feuilles ou de fumier et l'argile douce jouent le plus grand rôle. La terre de bruyère n'est même pas du tout indispensable pour la plupart de ces genres, mais nous n'en connaissons pas qui ne puissent s'en contenter, surtout dans le jeune âge, et avec addition, plus tard, d'un peu d'engrais liquide par intervalles dans l'eau des arrosements.

On brise entre les mains la terre de bruyère, avant de l'employer, pour lui donner une certaine homogénéité, et en extraire les corps étrangers. On ne l'emploie pas mouillée, parce qu'elle pénétrerait difficilement dans les interstices et entre les racines, et qu'elle se tasserait trop ; ni complétement sèche, de peur qu'elle ne prenne plus l'eau.

Les mélanges qu'on opère ne doivent pas être trop intimes : on ne broie point ensemble les divers éléments. Il vaux mieux que le mélange soit un peu grossier et que les menus fragments, dont il se compose, se distinguent encore en partie après leur réunion.

Plus une plante est jeune et moins il lui faut de nourriture. On commence par une terre très-sableuse et légère. A mesure qu'elle croît, on diminue le sable et on augmente la proportion de bruyère ; mais ce n'est qu'à l'âge adulte, vers l'époque de la floraison, qu'on devra lui donner la nourriture la plus substantielle. Quant aux arbustes australiens, on ne leur ajoutera un mélange de terre franche que lorsqu'ils deviendront trop volumineux et qu'on voudra éviter de leur donner trop fréquemment des pots d'une plus grande dimension.

XXI

Pots à fleurs : matière, formes et proportions. — Drainage.

Les pots à fleurs ne sont pas tous bons et les mauvais ont, sur la végétation, une influence pernicieuse. Il faut savoir les choisir, ou plutôt les faire fabriquer comme on les veut.

La poterie doit être poreuse, sans l'être trop. Il convient qu'elle laisse suinter lentement l'eau qu'on y verse. Cependant la pâte doit être assez serrée et suffisamment cuite pour ne casser ni par la pression des grosses racines ni lorsqu'on soulève une plante lourde par le bord du vase. Quand la poterie est compacte, elle doit avoir peu d'épaisseur. Les pots vernis seront tout à fait rejetés.

Si l'on considère qu'en pleine terre les racines des plantes et des arbres même s'enfoncent très-peu ; qu'elles se portent d'autant mieux que la couche où elles vivent est plus meuble, plus aérée, et que si on les plante trop bas, à une profondeur où l'air n'a plus d'accès, elles meurent, on comprend mieux la nécessité d'avoir des pots à fleurs poreux, où l'air se tamise lentement vers les racines, et qui laissent filtrer l'eau surabondante.

La forme des pots est encore plus importante que la matière dont ils sont faits. Une erreur commune aux cultivateurs sans expérience est de préférer les pots presque cylindriques, c'est-à-dire aussi larges à peu près en bas qu'en haut. Parce que les racines des plantes s'accumulent au fond du pot, on veut leur y donner plus d'aisance et de nourriture. On apprend bientôt à ses dépens que le raisonnement est incomplet.

D'abord, il est essentiel de pouvoir visiter souvent les racines des plantes (nous entendons celles qui sont à découvert, autour de la motte) ; on renverse pour cela la plante le pot en haut, la tige passée entre deux doigts de la main gauche, et l'on frappe à petits coups le bord du pot sur un corps demi-dur, comme du bois. Le poids de la plante fait sortir la motte du pot, qu'on retient de la main droite, et si ce pot est sensiblement plus étroit au fond, la plante vient aisément, en retenant par ses racines la motte de terre, moulée suivant la forme du vase. Mais si le pot est cylindrique ou de forme irrégulière, les racines comprimées vers le fond feront obstacle, la motte se divisera, une partie des racines sera arrachée, et il deviendra impossible de remettre le tout dans sa position primitive.

Cet inconvénient n'est que le moindre : les pots trop

larges au fond s'égouttent mal, l'eau des arrosements y séjourne vers le bord et pourrit les racines. Une bonne partie des accidents qui surviennent, morts subites, langueurs, feuilles jaunes, etc., n'ont pas d'autre cause que cette pourriture des racines occasionnée par le séjour de l'eau au fond des pots. Si l'on doit se servir de ces sortes de vases, on drainera fortement et avec soin, mais le mieux sera de les rejeter toujours.

Les proportions convenables sont celles-ci : la hauteur du pot sera égale au diamètre supérieur, mesuré en dedans, et le plus petit diamètre aura les deux tiers du plus grand.

Il faut, au haut des pots, une bordure plus épaisse que le reste ; c'est la partie faible et celle qui a le plus de fatigue.

Le fond du pot, à l'intérieur, ne doit pas être plat ni encore moins élevé au centre, mais présenter, au contraire, une déclivité de la circonférence vers le centre, afin que toute l'eau qui arrive au fond soit amenée vers le trou central.

Ce trou ne devra pas être trop petit, sinon il s'obstruerait aisément. Dans les pots très-grands et à fonds plats on en perce trois ou quatre.

Il y a des potiers qui prennent la peine d'évider le dessous des pots, qui ne posent ainsi que sur une bordure. L'égouttement en est plus facile.

Les plus petits pots à fleurs dont on ait besoin pour les premiers repiquages des boutures et surtout des semis, sont ceux de cinq centimètres (grand diamètre). Les plus grands dépassent rarement quarante-cinq à cinquante centimètres. Au delà, la résistance de la poterie devient insuffisante pour supporter la pression que les racines exercent du dedans au dehors, ou l'effort nécessaire pour les déplacer.

Les potiers qui savent leur métier adoptent, pour les dimensions de leurs pots, une progression régulière. Le numéro inférieur entre tout entier, mais sans laisser de jeu, dans le numéro immédiatement supérieur, et ainsi de suite. Les pots égaux n'entrent l'un dans l'autre que jusqu'à moitié de leur hauteur. Il est utile d'avoir des pots bien égaux, afin de pouvoir remplacer ceux qui cassent accidentellement, sans addition ni retranchement de terre.

Quand la poterie ne suffit plus, on fait aux arbrisseaux des caisses en bois, rondes ou carrées, préférablement rondes, cerclées de fer, proportionnées comme les pots, avec des pieds ou un bord saillant au-dessous, pour les empêcher de poser sur le sol humide, et des oreilles pour les soulever.

On fait aussi des caisses en zinc, que notre estime pour ce métal belge ne nous empêche pas de trouver mauvaises, au même titre que les pots vernis.

Le soin que l'on prend de bien conformer le fond des pots et de le percer de trous pour faciliter l'écoulement des eaux surabondantes, ne suffirait pas si l'on ne veillait à empêcher que ces trous ne s'obstruassent par la terre que les arrosements entraînent et par d'autres causes : c'est ce qu'on nomme aujourd'hui *drainer* les pots, par analogie avec le drainage des terres. Ce drainage se bornait jadis et se borne encore souvent, au placement d'un tesson ou d'une écaille d'huître au-dessus du trou. Ce moyen ne suffit plus si le pot est grand et surtout si le fond en est mal conformé. Alors, au lieu d'un tesson, on en met une couche d'un ou de plusieurs centimètres d'épaisseur, suivant la grandeur du vase, et en fragments assez menus. De la brique pilée grossièrement, du gravier, du gros sable, conviennent aussi. Il suffit que la couche soit très-perméable à l'eau.

Trop épaisse, cette couche enlèverait aux racines une bonne partie de l'espace si restreint qui leur est destiné; trop mince, elle serait inefficace, les parcelles de terre que l'eau entraîne en auraient bientôt obstrué les vides. Les drainages de ce genre, s'ils ne sont faits avec soin, n'ont qu'une utilité relative et de peu de durée.

Les vers de terre (lombrics) qui s'introduisent dans les pots à fleurs, ont l'industrie, étonnante chez un animal de cette conformation, de boucher l'orifice inférieur, afin d'y retenir l'eau et d'accélérer ainsi la décomposition des matières végétales dont ils vivent. C'est surtout par là qu'ils sont nuisibles. Nous nous sommes toujours bien trouvé de préserver le drainage de la terre qui s'y mêle, surtout par le travail des lombrics, en interposant une couche mince de mousse bien tassée. Nous en sommes même venu à ne plus employer pour drainage qu'un tesson ou, de préférence, l'écaille convexe de l'huître et une couche d'un à un et demi-centimètre de mousse. Non-seulement ce drainage opère efficacement, mais les racines de presque toutes les plantes semblent s'y plaire beaucoup.

XXII

A quoi l'on reconnaît qu'une fleur doit être dépotée. — Plantes malades. — Plantes saines. — Retranchement du chevelu et préparations qui doivent précéder le rempotement.

La plupart des plantes réclament un dépotement annuel. Les petits exemplaires, qui sont en voie de croissance rapide, en voudront deux ou trois. Quelques grands exemplaires, dont on n'a pas intérêt à favoriser le développement excessif, devront se contenter d'être changés de pots tous les deux ans, mais ce sera aux dépens de leur bel aspect.

On reconnaît qu'une plante réclame plus de nourriture :

A la disproportion qui se manifeste entre son volume et celui du pot ;

A un ralentissement de la végétation, surtout dans les rameaux inférieurs, dont quelques-uns se dégarnissent de feuilles ou meurent ;

A la couleur généralement jaune du feuillage et au peu de développement que prennent les branches, les feuilles et les fleurs ;

A un besoin excessif d'arrosements, tel que les mouillures quotidiennes ne suffisent plus.

Les plantes ont en outre besoin d'être changées de pots ou de terre :

Quand elles deviennent malades ou souffreteuses pour cause de pots trop grands, de terre mal appropriée à leurs besoins, de drainage insuffisant,... et de pourriture de racines, conséquence de toutes les fautes précédentes. Dans ces divers cas, il ne s'agit pas de *grandir* les pots, mais, presque toujours, de les *diminuer*.

Le premier soin à prendre, quand on soupçonne qu'une plante a besoin d'un dépotement, c'est de visiter ses racines. Si elles sont très-abondantes, contournant toute la motte et la tapissant d'un enchevêtrement épais, il ne faut pas hésiter ; il n'y a que la mauvaise saison ou le moment de la floraison ou de la pousse, chez les espèces à développement périodique, qui puissent autoriser à patienter.

Si l'on ne remarque pas du tout de racines à l'extérieur, ou qu'on n'en trouve qu'un petit nombre, pourries en partie ou malsaines ; si la terre est noire, compacte, grasse au toucher, alors il y a urgence de la changer en faisant tomber le plus possible de l'ancienne terre, sans trop déranger les racines, et de loger ensuite la plante dans un pot assez petit pour que les racines en atteignent les parois dès leur première croissance. On n'aura, en ce cas, nul égard au volume de sa tige ni à celui des rameaux. Ce sera, si l'on veut, une diète sévère imposée à un malade. Dès que la guérison se manifestera par une nouvelle émission de racines, on pourra lui donner un autre vase, mieux proportionné à ses besoins.

En général, lorsqu'on enlève la terre de ces plantes qui montrent peu ou point de racines, on trouve que le précédent rempotement a été mal fait ou que les suites, pour n'importe quelle cause, en ont été funestes. Les anciennes racines, au lieu de reprendre et de s'enfoncer dans la nouvelle terre, se sont arrêtées, et, dans cet état, ont été atteintes de pourriture. Communément, les racines qui ont végété à l'extérieur de la motte, sans terre, aérées à travers la poterie, ne peuvent plus vivre enterrées. La pourriture les gagne et s'étend à l'intérieur, et si les grosses racines elles-mêmes sont atteintes, le mal est sans remède. S'il n'en est pas encore là, on devra, tout en respectant les racines restées saines, couper les autres jusqu'au vif, autant que possible, et arranger les bonnes dans un petit pot bien drainé, en bonne terre de bruyère bien sableuse. On mettra à l'ombre et on arrosera avec beaucoup de précautions jusqu'à rétablissement.

Ce lacis de vieilles racines longues et menues, qui entoure toute la motte des plantes à dépoter, n'est pas seulement très-sujet à se pourrir si on l'enferme dans un pot plus grand; il a encore l'inconvénient de s'interposer entre l'ancienne terre et la nouvelle, de les empêcher de faire un tout, et de laisser même entre les deux un vide par leur décomposition lente. Il faut bien se persuader que les racines contournées, dénaturées, pour avoir crû entre la terre et le vase, ne peuvent plus fournir une végétation normale. Quand même on les déroulerait à grand' peine pour les faire pénétrer dans la nouvelle terre, on n'en obtiendrait rien de bon.

L'expérience, mieux que la théorie, démontre que la conservation de ces racines est de peu d'utilité et que leur retranchement vaut mieux, est moins dangereux que leur conservation.

Il faut, d'ailleurs, faire une distinction :

Beaucoup de plantes, telles que les érica, épacris, azalea, rhododendrum et, en général, les familles des épacridées, des éricacées, et jusqu'à un certain point celle des vacciniées, ont des racines excessivement menues, minces comme des cheveux (capillaires), s'allongeant médiocrement, mais se ramifiant à l'infini.

D'autres, à l'opposé, n'ont que de grosses racines charnues, fragiles, peu nombreuses, peu ramifiées; ce sont en général des plantes herbacées et surtout bulbeuses.

Le plus grand nombre des arbustes de serre froide ont des racines assez grêles, fibreuses, ligneuses, susceptibles de se ramifier beaucoup et quelquefois de devenir très-longues. Les extrémités en sont plus ou moins fragiles, mais si on les taille ou qu'on les brise, elles font bientôt de nouvelles ramifications.

Les opérations préliminaires du dépotement se font diversement, suivant la nature des racines.

Pour toutes les plantes de la première catégorie, dont les mille fibrilles radicales périraient certainement dans le milieu nouveau où les placerait l'agrandissement du pot, le retranchement complet de toute cette production *extérieure* de racines est indispensable. Soit qu'on les arrache à la main, ou qu'on les coupe avec un couteau en retranchant, un demi-centimètre ou un centimètre d'épaisseur au pourtour et au-dessous de la motte, on aura soin de faire tomber en outre ce qui voudra se détacher de la vieille terre, en grattant entre le reste des racines avec un bâton pointu. Si la terre s'est dénaturée ou que l'enchevêtrement des racines mortes et vivantes soit fort épais, on pénètre et on retranche davantage à l'intérieur, jusqu'à la rencontre des parties saines et des racines non contournées.

Si le retranchement n'a pas été de plus d'un à deux centimètres sur toute la circonférence, et de deux ou trois en dessous, on pourra donner à la plante un pot plus grand, du numéro immédiatement supérieur à celui d'où elle sort. Si on a été amené, pour n'importe quelle cause, mais principalement par le mauvais état des racines ou de la vieille terre, à retrancher jusqu'à trois centimètres ou davantage, il sera très à-propos de rempoter la plante dans le même vase, sauf à lui en donner un second plus grand en août, si le succès de la première opération le rend nécessaire.

Sur les plantes à racines fibreuses, très-longues, minces, très-enchevêtrées, l'opération est à peu près la même. Le retranchement du lacis extérieur n'a pas toujours besoin d'être aussi complet; on peut, quand il n'y en a pas trop, essayer de dérouler quelques racines et de les tailler une à une; mais, communément, c'est du temps perdu. Soit qu'on tranche ou qu'on conserve, il faut toujours se débarrasser du réseau de racines inutiles qui s'interposeraient entre l'ancienne terre et la nouvelle.

Lorsque les plantes ont les fibres moins longues, moins contournées et plus fragiles, comme les camellia, par exemple, on cherchera davantage à conserver celles qui existent, du moins si elles sont saines, mais toujours en taillant, déroulant et faisant tomber assez de vieille terre pour unir la motte et les racines avec la terre qu'on ajoute.

En règle générale, tous ces retranchements seront proportionnés à la force de production des racines.

Il y a certaines plantes qu'on dit fort sensibles aux opérations de ce genre. Nous lisons depuis longtemps que les racines des protea périssent infailliblement si on les coupe, ou même si on les froisse. Notre propre expérience ne confirme pas cette assertion, mais nous rangeons les protea parmi les plantes très-sujettes à pourriture, qu'il ne faut arroser qu'à-propos, bien drainer et dépoter dans des pots étroits et assez souvent pour n'avoir pas à tailler leurs racines.

On ne peut pas trancher dans la face supérieure de la motte des arbustes, attendu que les grosses racines partent de là et doivent se trouver à fleur de terre. On enlève ce qu'on peut sans blesser les racines.

Les grosses racines charnues des liliacées, des orchidées, etc., ne seront jamais coupées. On se bornera à supprimer celles qui seront mortes.

Les plantes semi-ligneuses, à végétation luxuriante, pourront être empotées de suite dans des vases un peu grands, et le retranchement des racines n'y aura pas la même importance. Celles-là, de quelque façon qu'on les traite, se tirent d'affaire; la difficulté n'est que de les obtenir en très-beaux exemplaires.

XXIII

Comment on opère le rempotement suivant la nature et l'état des plantes.

Lorsqu'on a ainsi préparé les racines des plantes, choisi un pot de dimension convenable, plutôt petit que grand, et opéré avec soin le drainage, on met au fond une première couche de terre qu'on tasse un peu, sans en aplanir la surface, et l'on pose dessus sa plante, en appuyant pour la faire pénétrer dans cette couche sans qu'il y reste de vide. Ainsi posée, la plante doit se trouver à une hauteur telle qu'il ne reste, entre le dessus de la motte et le bord supérieur du pot, que le vide nécessaire pour un bon arrosement. Il est difficile de préciser la hauteur de ce vide, qui est variable suivant

les dimensions de la plante, et aussi suivant qu'elle aime
l'humidité ou qu'elle la redoute. Pour les commençants,
nous dirons que les petits exemplaires doivent être
empotés jusqu'à un centimètre du bord, les moyens
(pots de 15 à 18 centimètres,) à 1 1/2 ou 2 centimètres,
et que les plus grands n'ont pas besoin de plus de 3 ou 4
centimètres de vide.

Il convient aussi, pour les arbustes délicats, sujets
à pourrir du collet, que le centre soit plus élevé que la
circonférence, de telle sorte qu'il y ait une légère pente
de la tige vers le pot, soit environ un demi-centimètre
pour les petits exemplaires.

Le collet de la plante et les grosses racines qui en
sortent ne seront qu'à peine recouverts dans les plantes
faites, et celles qui sont ennemies de l'humidité, ne se
trouveront que mieux d'être tout à fait à fleur de terre ou
un peu au-dessus. On ne découvrira cependant pas les
racines des boutures, ni des jeunes plantes encore mal
établies.

La plante étant mise en place, la tige au centre du pot
et droite, il doit rester tout autour, entre la vieille terre
et le pot nouveau, un vide d'au moins un centimètre,
plus communément de deux, trois et au delà, suivant
la force des exemplaires et les retranchements qu'ils
auront subis. On aura sous la main sa terre préparée,
comme nous l'avons dit, point trop sèche, ni trop
humide. Sèche, elle ne se mouillerait ensuite que difficilement; mouillée, elle tasserait trop et ne coulerait
que très-difficilement dans les vides. On la fera passer
entre le pot et la plante, un peu à la fois, en tassant et en
la forçant de pénétrer également jusqu'au fond et entre
les racines, au moyen d'un petit bâton aplati. On réitère
jusqu'à ce que tout le vide soit exactement et uniformément rempli, en tassant un peu fort, surtout si l'on
emploie de bonne bruyère.

Quand on empote avec du terreau, de la terre franche
ou des mélanges de l'un et de l'autre, et surtout si l'on

passe sans transition d'un petit vase à un grand, le tassement devra être beaucoup moindre.

L'opération terminée, la terre bien pressée à la surface, on donne sans tarder un arrosement copieux, pour que la nouvelle terre et l'ancienne soient également pénétrées, puis tout est terminé.

Si, en préparant une plante pour le rempotement, on trouve la motte desséchée, en tout ou en partie, il est indispensable de la plonger préalablement dans l'eau, jusqu'à ce que la vieille terre soit bien trempée.

Lorsqu'on a pu faire le rempotement sans grand retranchement de racines, et sans que celles qui restent aient été mises à nu, la plante est remise en place et l'on n'a plus à s'en occuper; mais s'il a fallu trancher dans le vif et profondément, on la mettra pour plusieurs jours à l'ombre, dans un endroit frais, en la seringuant sur les feuilles si le temps est sec. Il est rare qu'elle y doive rester plus d'une semaine, mais on ne doit pas la remettre brusquement au soleil.

Du reste, point de couches chaudes, tièdes ni même froides, comme on le conseille encore dans les vieux livres. Les couches ont leur usage spécial et la serre froide doit savoir se suffire.

Notons derechef que les dépotements ne doivent jamais coïncider avec les tailles rigoureuses. Les deux opérations réunies amèneraient la destruction des racines ou une trop faible production de nouvelles branches. Les pincements, au contraire, si les plantes tendent à se flétrir par un trop grand retranchement de racines, peuvent modérer utilement le travail des organes supérieurs, jusqu'à production de racines suffisantes.

On peut être obligé d'opérer un dépotement hors de saison, par suite d'omission ou d'accident. Si ce cas arrive, on rendra le changement aussi léger que possible, en augmentant très-faiblement la dimension du pot et en ne retranchant des racines que ce qu'il sera impossible de conserver.

Les plantes bulbeuses ou tuberculeuses qui reposent
en été, seront rempotées avant le retour de leur végétation. On fera tomber la vieille terre, on retranchera
les racines sèches ou malades, et on remettra en terre
neuve, dans un pot proportionné à la force de la plante.
Il n'y a pas le même danger que pour les arbustes à
prendre des pots trop grands. On n'arrose que quand la
végétation est commencée ; peu d'abord et en proportion
du développement. On a recommandé avec raison d'arroser d'abord par-dessous, au moyen d'une soucoupe.

Nous avons dit, au chapitre xvi, les soins dont il faut
entourer, lorsqu'on les remet en pots, les plantes aven-
turées en pleine terre. Pour les espèces à racines capillaires, c'est peu de chose ; mais on ne saurait prendre
trop de précautions pour déplanter avec leur terre et
empoter sans trop briser les spongioles (suçoirs) et les
fibrilles de leurs racines, celles qui n'en ont pas assez
pour faire une motte solide.

On conseille de ne pas attendre le 1er octobre pour
remettre en pots les plantes venant de la pleine terre,
afin qu'elles profitent un peu des derniers beaux jours
pour se refaire. Ce conseil est bon à suivre, en général,
mais, souvent aussi, il arrive que des plantes qui, d'abord,
ont profité peu, sont alors en pleine végétation et que
leur déplantation en cet état est un danger de plus. Il
nous semble rationnel d'attendre plutôt que les premiers
froids sérieux aient ralenti le mouvement de la séve.
Quant à rempoter dix ou quinze jours plus tôt ou plus
tard, nous ne nous en inquiétons guère, puisque, même
dans le cas le plus favorable, ce rempotement est encore
beaucoup trop tardif.

XXIV

Suite de la culture d'été. — Fin de la bonne saison. — Préparatifs pour la rentrée des plantes.

Les petits travaux que nous venons de décrire : taille, pincements réitérés, dépotements, se continueront chacun en leur temps, pendant une bonne partie de l'été. Bien former les plantes, leur donner de la vigueur et un aspect agréable et les disposer à fleurir abondamment plus tard, tel est le but qu'un amateur doit avoir constamment en vue. Des plantes maigres, malades, mal conformées, ne donneront qu'un feuillage triste et une pauvre floraison ; il n'y aura ni satisfaction, ni honneur à en attendre lorsqu'elles viendront prendre place dans la serre.

Les arrosements, en juillet et août surtout, seront abondants. Il est toujours prudent, en cette saison, quand le temps est sec, qu'il vente et que le soleil a beaucoup d'ardeur, d'aller faire une ronde avant midi pour rendre de l'eau à certaines plantes qui absorbent vite et ne peuvent souffrir une sécheresse prolongée.

Ce serait, d'ailleurs, une grande erreur de croire que les plantes, même les plus exigeantes, doivent être tenues dans une humidité régulière et constante, fût-elle même modérée. Les alternatives de sec et d'humide leur sont, au contraire, profitables à toutes. Il n'y a que les plantes quasi-aquatiques, et seulement dans la phase active de leur végétation, qui puissent se plaire dans un sol constamment détrempé.

Il ne faut nullement s'effrayer si l'on trouve une de ses plantes flétrie faute d'eau et laissant pendre le bout de ses rameaux. Cet état n'a de danger sérieux que s'il se prolonge au delà de quelques heures, autrement un arrosement copieux rétablira bientôt la plante, qui n'en ira pas plus mal ensuite. Il n'y a que les fleurs épanouies qui ne se remettent pas bien de ces négligences, même très-passagères ; aussi doit-on veiller de plus près sur les plantes en pleine floraison. Elles exigent, en général, plus d'eau que les autres.

Les bruyères (erica) qui sont si délicates, pour la plupart, souffrent fort bien ces sécheresses momentanées, même lorsqu'elles vont jusqu'à flétrir tous les bouts des branches. Des cultivateurs expérimentés assurent se trouver bien de ne les arroser que quand cet état commence à se manifester. Ce qui est certain, c'est que la sécheresse leur nuit peu, si elle ne se prolonge pas, tandis que l'humidité continue leur est funeste.

Il y a ici une contradiction apparente entre ce que nous disons de la facilité qu'ont certaines plantes, délicates d'ailleurs, à supporter la sécheresse passagère, et les recommandations que nous avons réitérées de veiller avec soin aux arrosements et de les donner régulièrement. Il faut qu'on nous comprenne bien, parce que cette question des arrosements est capitale. L'amateur qui n'a pas d'heure fixe pour ses arrosements ou qui les distribue un peu à la légère, est toujours porté à en donner trop à la fois, à arroser çà et là sans besoin évident, afin de n'avoir pas à réitérer de sitôt. Et tandis que beaucoup de ses plantes souffrent ainsi d'un excès d'arrosement, si l'une d'elles échappe à son attention, parce que la sécheresse, dont elle commence à souffrir, ne se manifeste pas encore par des symptômes extérieurs, il est probable qu'elle sera morte ou fort compromise avant la prochaine tournée.

Au contraire, celui qui arrose régulièrement chaque jour à la même heure et ne craint pas, lors des grandes sécheresses de l'été, de donner encore un moment à la surveillance de ses plantes vers le milieu du jour, pourra ne leur départir que la juste somme d'humidité qu'elles réclament, et s'en trouvera fort bien; les cas de maladie et de mort subite seront fort rares dans sa collection.

C'est surtout en juillet et août, et quand les temps chauds et venteux sont entremêlés de petites pluies, qu'il importe de visiter la motte des plantes qui souffrent, afin de s'assurer qu'il n'y a pas quelque desséchement à l'intérieur, tandis que la surface reste humide. Biner de loin en loin la terre à la surface des pots, surtout quand elle forme croûte ou se couvre de mousses; la resserrer en pressant fortement le bord, si elle se détache du pot en séchant, voilà les préservatifs qu'il ne faut pas négliger, qui sont bons en tout cas, mais parfois insuffisants. Un bain de quelques heures remédie pour longtemps au desséchement intérieur.

Les accidents de cette nature deviennent rares en septembre. La fraîcheur de ce mois est plus salutaire à nos plantes de serre froide que les ardeurs de la canicule. En septembre, elles verdissent et se fortifient d'autant plus qu'elles sont, la plupart, dans de la terre neuve. Il ne faut pas, d'ailleurs, permettre que le développement de leurs rameaux dépasse les bornes; mais comme c'est le moment où bon nombre font leurs boutons à fleurs, il ne faut plus pincer qu'à bon escient.

On regarde de plus près, en septembre, aux arrosements, qui deviendront moins fréquents. Il vaudra mieux les faire le matin que le soir, l'humidité des nuits, surtout vers la fin du mois, n'étant déjà que trop prononcée.

Cette succession de petits soins, plus faciles à pratiquer qu'à décrire, conduira jusqu'à la fin de septembre, époque où l'on doit se préoccuper sérieusement de la rentrée en serre. Nous avons déjà dit, au chapitre xii, par où l'on doit finir les travaux horticoles de l'été.

Entre-temps, on aura dû remettre la serre en bon ordre, faire réparer le vitrage, repeindre, balayer la cheminée et les conduits de fumée, boucher les fissures que la sécheresse ou les pluies auraient déterminées, renouveler le mastic aux joints intérieurs des vitres des serres courbes, etc., etc.; faire enfin toutes les réparations et améliorations nécessaires pour qu'au moment de la rentrée tout soit en bon ordre, et qu'une fois les plantes installées, elles n'aient à subir ni la poussière, ni les émanations de travaux attardés.

XXV

Multiplication des plantes, son importance pour les amateurs. — Divers modes de multiplication. — Séparation des cayeux, division des touffes, marcottage.

Après avoir ainsi parcouru le cercle entier des travaux de l'année, il nous reste à décrire quelques opérations accessoires qui n'appartiennent à aucune saison bien déterminée et qui ne sont, d'ailleurs, nullement *nécessaires*.

Nous voulons surtout parler des procédés de multiplication des plantes.

Nous considérons la multiplication comme appartenant surtout à l'horticulture marchande. C'est dans nos grands établissements d'industrie horticole, à Gand, à Bruxelles, à Liége, qu'il faut aller voir les mille procédés ingénieux et sûrs au moyen desquels on parvient à multiplier les espèces les plus rebelles, à répandre par milliers, à propager à l'infini les genres plus faciles et toujours demandés, ainsi qu'à créer des races nouvelles ou des variétés innombrables, plus curieuses les unes que les autres. Il faudrait un livre tout entier pour traiter *in extenso* ces questions de reproduction et de perfectionnement des espèces, et nous arrivons à la fin du nôtre. Aux horticulteurs de profession, nous n'apprendrions rien qu'ils ne sachent bien mieux que nous, et les amateurs, pour qui nous écrivons, n'y trouveraient que peu de profit.

La multiplication sur une grande échelle, soit pour reproduire les plantes connues, soit pour obtenir des variétés nouvelles, exige des locaux spéciaux, des soins très-minutieux et une assiduité constante. Il faut s'y vouer tout à fait, et un amateur ne peut raisonnablement y songer. Celui-là même qui disposerait de tout son temps et voudrait le consacrer à l'horticulture, ne trouverait qu'une assez mince indemnité de ses peines et de ses ennuis dans le succès d'une multiplication dont il ne saurait où placer les produits, ou dans le gain d'une variété nouvelle, à laquelle il ambitionnerait de donner son nom et qui serait presque toujours aussitôt oubliée.

Il est néanmoins fort utile qu'un amateur connaisse les procédés ordinaires de multiplication, ceux qui n'exigent ni soins trop minutieux, ni appareils, ni locaux spéciaux, soit pour tirer parti d'une plante rare ou simplement pour renouveler les espèces qu'il cultive et pour y ajouter celles dont ses amis mettraient les boutures à sa disposition. Il y a une jouissance réelle à ne devoir certaines plantes qu'à sa propre industrie. Nous allons donc passer en revue les divers moyens de multiplier les plantes de serre froide, moyens qui sont à la portée de tout le monde.

Il y a d'abord les plantes qui se multiplient d'elles-mêmes, par cayeux, bulbilles, œilletons, rejetons enracinés, et par division des touffes. Il n'y a là aucune difficulté. On choisit, pour opérer la division ou la séparation des cayeux, le moment du repos ou celui d'un dépotement. S'il y a plaie, on évite avec soin l'humidité. Quelques pincées de sable blanc bien sec sur les plaies de ce genre en assurent la cicatrisation. Il ne faut pas être trop pressé de séparer les cayeux, etc.; la reprise en sera bien plus sûre quand ils auront de bonnes racines en propre et que la plaie de séparation sera plus petite eu égard à la force du sujet.

Le marcottage, à défaut de reproduction spontanée, est encore un moyen assez sûr, mais incommode et lent. Quand on veut marcotter une plante tout entière, par exemple un pied devenu trop vieux ou auquel on ne peut parvenir à donner une bonne forme, le mieux est de le planter en plate-bande de bruyère, non pas debout, mais très-incliné. Presque toutes les branches peuvent ainsi être mises en terre, après avoir été préalablement incisées, jusqu'à moitié de leur épaisseur, au point où l'on veut obtenir des racines. On les fixe en terre à une profondeur de quelques centimètres, au moyen de crochets; on relève les bouts qui sortent de terre et qui doivent devenir autant de jeunes plantes, et l'on arrose. Si la terre de la plate-bande est exposée à la sécheresse, on couvre de mousse et l'on arrose de loin en loin les marcottes. Une humidité modérée, mais à peu près régulière, leur est nécessaire. Il faut marcotter de bonne heure, en mai ou juin, et ne reprendre les nouvelles plantes qu'à la fin de septembre ou en octobre. Si elles s'enracinent promptement et végètent beaucoup, on peut leur donner sur place un commencement de pincement, et surtout entailler progressivement la branche, pour habituer la marcotte à vivre de ses propres racines.

On marcotte aussi, lorsqu'on a des rameaux convenablement placés et quand on tient à conserver la plante-mère, en faisant passer les branches à marcotter par une fente latérale dans un petit pot, qu'on fixe sur un piquet à la hauteur nécessaire. On se sert aussi de cornets de plomb ou de zinc suspendus à la plante-mère. On arrose très-régulièrement et assez copieusement. Un jour de sécheresse ferait périr les racines en voie de formation, et il deviendrait difficile d'en obtenir d'autres.

Le marcottage est très-peu usité aujourd'hui qu'on a des moyens plus simples et bien plus expéditifs de greffe et de bouturage. Il y a cependant quelques plantes rebelles auxquelles il s'applique encore avec avantage.

XXVI

Suite des moyens de multiplication. — Bouturage. — Quand et comment il se pratique. — Traitement des boutures reprises.

Les boutures sont beaucoup moins sûres que les marcottes, puisqu'il s'agit de séparer d'abord le rameau de la plante-mère et de lui faire ensuite produire des racines ; mais on peut faire beaucoup de boutures à la fois, sans nuire en rien aux plantes dont on les détache, et toutes ensemble ne demandent pas plus de soin qu'une seule marcotte.

Cette faculté d'émettre des racines, dans certaines circonstances, sur les tiges aériennes , sur les moindres rameaux et même sur les feuilles ou portions de feuilles, comme aussi de produire des tiges aériennes sur des tronçons de racines, est commune à tous les végétaux, du moins en théorie. Dans la pratique, il en faut rabattre.

Cependant le nombre des plantes que l'on multiplie aujourd'hui par l'un ou l'autre de ces moyens, boutures de branches, de racines, de feuilles ou de fragments de feuilles, est immense, et les exceptions ne se rencontrent guère que là où l'on n'a pas intérêt suffisant à en diminuer le nombre, c'est-à-dire parmi les espèces qui se reproduisent par graines, cayeux ou greffes. Il n'est, en réalité, presque aucune plante connue que l'industrie horticole ne puisse reproduire.

Toutes les saisons ne sont pas également bonnes pour le bouturage. Les plantes qui se renouvellent fréquemment (les herbacées ou semi-ligneuses) se bouturent en été et jusque vers la fin de cette saison, pour passer l'hiver en petits exemplaires. Les autres, surtout les espèces mignonnes, sèches, très-ligneuses, devront être bouturées au printemps, dans le moment de la grande végétation, et avant la sortie de la serre, quand le bois n'a pas encore pris toute sa dureté.

Les boutures sont meilleures prises sur les branches latérales qu'au sommet de la plante. Il vaut mieux les choisir courtes ou de longueur moyenne (de 2 à 5 centimètres) que plus grandes. On les coupe généralement au point où le bois commence à s'aoûter ou immédiatement sous son œil, s'il s'agit de grandes espèces à feuilles espacées, et on les dégarnit de feuilles, sans blesser l'écorce, dans la partie qui doit être enterrée. Quand on rencontre de petits rameaux de longueur convenable, on se trouve souvent mieux de les arracher et de les planter avec le talon que produit cet arrachement.

On plante les boutures dans de petits pots remplis de terre de bruyère mêlée de beaucoup de sable ou même dans du sable pur, s'il s'agit d'espèces difficiles, très-sujettes à pourrir. On peut aussi se servir de petites terrines, où l'on met un grand nombre de boutures à la fois; mais il est préférable de n'en avoir qu'un petit nombre dans des pots de 8 à 12 centimètres. Les pots doivent être soigneusement drainés.

Il est prudent de ne pas planter dans un même pot des boutures de nature différente et reprenant à des époques fort éloignées les unes des autres. En ne rapprochant que les boutures de même espèce ou d'espèces voisines, on est moins exposé à devoir repiquer les unes avant que les autres soient reprises.

On enterre peu les boutures : un centimètre ou un et demi, rarement deux, suffisent. La plantation se fait au moyen d'un petit bâton pointu et mince, qui ouvre le trou à la profondeur nécessaire, et avec lequel on resserre ensuite soigneusément la terre autour du pied de la bouture. Un bon arrosement achève de la tasser. On recouvre aussitôt d'une cloche de verre.

Nous pensons, sans oser rien affirmer, faute d'expérience suffisante, que bien des boutures reprendraient mieux si, au lieu de les planter verticalement, on les couchait presque à fleur de terre, en laissant seulement saillir le petit bout.

On doit se servir de préférence de cloches de verre blanc, point trop hautes, ou même de simples verres. Tantôt on les pose sur le pot à boutures et tantôt on fait entrer pot et boutures sous la cloche. Le dernier moyen nous semble préférable en ce qu'il maintient mieux l'humidité des boutures, mais il ne faut pas alors que la cloche repose sur un sol trop humide.

Quand on a des couches chaudes ou tièdes, on peut obtenir des succès fort rapides en y plaçant les boutures, celles surtout des plantes à bois épais et à large feuillage. La chaleur de fond agit beaucoup moins bien sur les bruyères et sur toutes les plantes de même structure. L'établissement d'une couche chaude crée à un amateur de tels embarras que nous ne conseillons à personne d'y recourir en vue de la multiplication des arbustes. On arrive, d'ailleurs, à des résultats suffisants, et presque sans soins, par la méthode suivante :

Les boutures, plantées comme nous l'avons dit, sont transportées en plein air, même en avril, dans un endroit frais et ombragé du jardin, à l'exposition du nord. On enterre légèrement les pots et on se borne à les visiter de loin en loin, à essuyer les cloches s'il y a des gouttelettes d'eau qui se condensent à l'intérieur, à arroser si la terre sèche, les boutures devant être dans une humidité très-modérée mais constante, à ôter les feuilles mortes, les mousses et tout ce qui peut être cause de pourriture. Au bout de trois ou quatre semaines, quelques espèces très-faciles auront fait des racines ; d'autres se feront attendre plus longtemps, même jusqu'à la fin de l'été, et beaucoup ne prendront pas du tout, mais il y aura des succès, et il n'en faut pas de bien grands pour encourager un amateur qui trouve un plaisir dans les peines qu'il se donne.

Si l'on a, dans une plate-bande de bruyère, un coin ombragé, bien frais sans être humide, on réussira mieux et avec moins de soins en y plantant les boutures en pleine terre très-sableuse, sous de grandes cloches surbaissées. On les traitera de même que ci-dessus, mais il faudra les visiter moins souvent et ne les arroser qu'en cas de nécessité évidente.

Les boutures reprises, ce qu'on reconnaît à leur végétation continue, avec tendance à se ramifier, et à un certain aspect de vie et de verdeur qu'elles reprennent dès que les racines leur viennent, on fera bien de les repiquer dans des pots séparés sans trop tarder. Il y a urgence dès que l'étiolement se manifeste par la faiblesse des jeunes tiges. Si, pour repiquer certaines boutures, on doit en déplacer d'autres qui ne sont point reprises, on tâchera de laisser celles-ci dans la terre où elles sont, sans les mettre à nu.

Les boutures reprises se replantent en terre sableuse et en pots du plus petit diamètre. On les arrose aussitôt que repiquées. Il est communément nécessaire de les recouvrir encore d'une cloche pendant quelques jours et de les accoutumer à l'air progressivement, en les découvrant par instants d'abord et plutôt la nuit que le jour. On les met à l'ombre jusqu'à parfaite reprise. Celles qui sont fortes et bien enracinées, surtout si on a pu les transplanter sans déranger les racines, avec la terre où elles se sont formées, pourront même être découvertes de suite, mais à l'ombre et au frais.

Nous avons réussi à bouturer les jeunes jets arrachés de la base des bulbes des glaïeuls, des Ixia, etc. Rien de plus concevable, puisqu'il y a là le rudiment d'un bulbe nouveau, qui continue son développement, quoi qu'arraché avant d'être apparent, mais cette pratique n'est signalée, que nous sachions, nulle part. Elle peut être utile pour propager rapidement certaines espèces précieuses et pour utiliser les caïeux naissants qu'il faut arracher de certaines autres si l'on veut les voir fleurir.

Nous avons dit, aux chap. xi et xii, les soins ultérieurs que réclament les boutures et les semis après le repiquage.

Les boutures non enracinées en septembre ou au commencement d'octobre ne vaudront, en général, pas la peine qu'on les conserve. S'il en est quelqu'une à laquelle on ne veuille pas renoncer, on la rentrera en serre, toujours sous cloche, à l'ombre, et on la conservera avec les mêmes précautions jusqu'au printemps.

XXVII

Semis.—Époques et manière d'y procéder.—Comment on fait germer les vieilles graines. — Repiquage des jeunes semis.

Si les plantes exotiques donnaient, dans nos serres, des graines en aussi grand nombre et aussi fertiles que dans leur pays natal, ce serait, sans nul doute, le meilleur moyen de reproduction, mais ces plantes grainent peu chez nous et toutes leurs graines ne lèvent pas.

On ne peut, d'ailleurs, reproduire de graines des variétés sujettes à se modifier par le semis, ou, du moins, on n'y a recours que pour obtenir des variétés nouvelles.

Le semis ne donne pas toujours des sujets vigoureux, et il en produit qui fleurissent mal ou trop tardivement. Ainsi les diosmées de graine poussent très-lentement et font difficilement de bonnes plantes, tandis qu'on les obtient plus robustes par la greffe.

Ces exceptions, à la vérité, ne sont pas nombreuses, et il faut compter les semis parmi les grandes ressources de l'horticulture.

L'intervention des insectes, mais surtout des abeilles, fait produire force semences qui avorteraient sans eux. Nous avons depuis quelques années un voisin qui tient des ruches, dont les abeilles, aux premiers beaux jours de printemps, viennent s'abattre en masse sur notre serre. Depuis lors nous récoltons des graines sur une foule d'espèces qui n'en avaient jamais produit entre nos mains.

On féconde artificiellement les fleurs, soit pour en obtenir plus sûrement des graines, soit plutôt en vue de les faire varier et de créer des hybrides ou des races spéciales, appropriées à certains goûts. La fécondation se fait, comme on sait, en répandant sur le pistil d'une fleur, dont on veut obtenir les graines, le pollen ou poussière fécondante des étamines d'une autre fleur. On doit opérer dès l'épanouissement de la fleur à féconder et, quand c'est praticable, on lui retranche, en les coupant avec des ciseaux, ses propres étamines. Nous croyons qu'il suffit de dévancer l'action de la nature.

Il est inutile de chercher à croiser des genres qui n'ont pas d'analogie entre eux, et même, entre espèces très-voisines, l'hybridation ne réussit pas toujours.

On recueille les graines sitôt mûres, et on les sème de

suite si la saison le permet ou si elles ne sont pas susceptibles de conservation, comme par exemple celles des cyclamen. Il y a toujours plus de chances de succès en semant peu de temps après la maturité des graines, mais la plupart ne mûrissant qu'au milieu ou à la fin de l'été, si on les sème de suite, elles sont à peine levées à la venue des froids, ou les plantes qui en proviennent sont si grêles, si délicates, qu'on risque d'en perdre une bonne partie, quelque soin qu'on y apporte.

Il est donc le plus souvent nécessaire d'attendre pour semer le printemps suivant. On conserve les graines en paquets dans du papier en lieu sec et point chaud. Les graines sèches craignent peu ou point la gelée. Les plus grosses, comme celles des camellia, se conserveront mieux mises en terre et dans la serre, mais sans aucun arrosement.

On peut avec avantage appliquer cette méthode aux graines moyennes. On recommande aussi, pour celles qu'on sème au printemps après les avoir tenues à sec, et surtout pour les vieilles graines, de les faire macérer un jour ou deux, avant de les mettre en terre, dans de l'eau mêlée de certaines substances, parmi lesquelles on vante surtout l'acide oxalique. L'eau *bouillante* a été préconisée aussi; on y plonge les graines à enveloppe dure et on les y laisse jusqu'à ce qu'elle soit refroidie. Ces procédés ont du bon.

Les semis du printemps, à moins qu'on ne dispose de couches chaudes, ne se feront pas avant mai et même juin. Les graines mises en terre par des temps froids pourrissent au lieu de germer.

On sème en terrines ou en pots peu profonds les graines menues. Les grosses seront mieux une à une dans de petits pots. On emploie la terre de bruyère sableuse, et pour les éricacées, épacridées, etc., on la recouvre d'un ou deux millimètres de sable blanc fin.

Les graines très-fines ne doivent être que très-peu ou point enterrées. On peut les recouvrir, jusqu'à ce qu'elles

se soient attachées à la terre, d'une feuille de papier gris
à travers laquelle on les arrose. En général, il y a plus
d'inconvénient que d'utilité à enterrer trop les semences.
Au delà de 2 ou 3 millimètres on s'exposerait à en perdre
beaucoup.

Les jeunes plantes de semis seront repiquées aussitôt
que possible, avant que leurs racines s'allongent et
s'enchevètrent dans la terrine. On les met une à une dans
des pots séparés ; ou par deux, trois ou quatre si elles ne
sont pas d'une croissance très-rapide, pour les séparer
plus tard en divisant la motte sans toucher aux racines.
On se dispense, par ce dernier moyen, d'avoir une multitude de très-petits pots.

Les semis repiqués ne se traitent pas autrement que
les boutures.

Les plantes bulbeuses ou tuberculeuses, dont l'espèce
repose plus ou moins longtemps chaque année, devront
être, la première année de semis, tenues en végétation à
peu près continue.

XXVIII

Greffage, son importance. — Divers genres de greffage usités pour la
serre. — Soins pendant et après la reprise.

Le greffage est un autre moyen fort important de multiplication et le seul, à peu près, qui serve à propager les
innombrables variétés de camellia, de rhododendrum et
même d'azalea indica dont les serres d'amateurs sont

remplies. Ces trois genres se multiplient aussi de boutures, le dernier surtout, mais la croissance de ces boutures est trop lente pour l'impatience des collectionneurs, et les plantes qui en proviennent sont souvent faibles. On sait que le camellia se greffe sur l'espèce à fleurs rouges simples, le rhododendrum sur les semis de pontique ou des autres espèces et l'azalea sur les boutures de quelque variété robuste ou même sur semis.

La famille des diosmées se greffe communément sur boutures de correa alba, espèce assez rustique.

Les pimelea et lachnœa sur pimelea decussata ou sur d'autres espèces communes du genre pimelea.

Les protéacées de l'Australie se greffent sur les espèces les plus communes des divers genres de cette famille, mais les protœa du cap, qui en sont les types, ne réussissent pas, que nous sachions, par le greffage.

Les daphne se greffent sur le mezereum ou le lauréole, ou mieux sur les racines de ces deux espèces.

Les araucaria et autres conifères précieux sur certaines espèces très-voisines et sur les boutures de branches de leur propre espèce. On sait que ces boutures de branches ne deviennent jamais des arbres à formes symétriques, comme les semis ou les têtes greffées. Les têtes qu'on coupe pour le greffage repoussent.

Les berberis et mahonia peuvent encore se greffer sur l'épine-vinette commune, très-mauvais sauvageon qui drageonne toujours; et les aralia sur a. spinosa qui ne vaut pas mieux.

Le reste est sans importance.

Il y a une multitude de greffes plus ou moins connues et pratiquées. Nous n'en savons guère que trois qui soient en usage pour la serre froide, et elles tiennent parfaitement lieu de toutes les autres, ce sont : la greffe par approche, la greffe en fente et la greffe en placage.

La greffe par approche est au greffage en général ce que le marcottage est au bouturage. Elle n'a d'autre mérite que d'être d'une reprise à peu près sûre; en revanche elle exige de longs rameaux, un appareil incommode et trois mois au moins pour reprendre. On la fait en rapprochant ou plutôt en serrant l'un contre l'autre vigoureusement deux branches auxquelles on a retranché une partie d'écorce et de bois, d'environ le tiers de l'épaisseur totale, de façon que les plaies se correspondent plus ou moins exactement. On lie avec de la laine en croisant les fils sur toute la longueur de la plaie et l'on maintient en place par de bons tuteurs. Au bout d'un mois environ on peut commencer à réduire la tête du sujet, ce qu'on ne continue que dans la proportion de la force que prend la branche greffée. Plus tard, il peut être utile de desserrer les ligatures, s'il y a étranglement prononcé. Quand la reprise est achevée, on entaille la greffe partiellement, puis plus profondément, afin de l'accoutumer à se passer du pied mère, puis enfin, à 8 ou 15 jours d'intervalle, on sépare tout à fait la branche greffée, qu'on retire à l'ombre pour quelques jours encore.

On a ainsi des pieds déjà forts si l'on veut, mais qui gardent souvent une mauvaise tournure.

La greffe en approche se fait en plein air, depuis mai jusqu'au commencement de juillet, ou en serre dès le mois de mars. On la dispose généralement comme dans la fig. 6.

Les greffes dans les deux autres méthodes ne reprennent que pour autant qu'on tienne les pieds greffés sous des cloches de verre et en lieu chaud, pour activer le travail de soudure.

On greffe en fente en amputant net la tige du sujet et en la fendant d'un côté, sans endommager le bois ni l'écorce et en insérant dans la fente, qu'on ouvre par un mouvement du greffoir ou de la serpette, un rameau avec un ou plusieurs yeux, garni de feuilles et taillé en coin allongé mais inégalement, de façon que le côté qui se place extérieurement soit plus épais de beaucoup. On enlève l'écorce, s'il en reste, à la partie qui s'insère dans le sujet. La greffe doit coïncider exactement avec le sujet, non pas par la surface extérieure des écorces, mais par leurs faces internes ou, ce qui revient au même, par la ligne qui sépare le bois (aubier) de l'écorce. Cette observation est essentielle. Fig. 7 et 8.

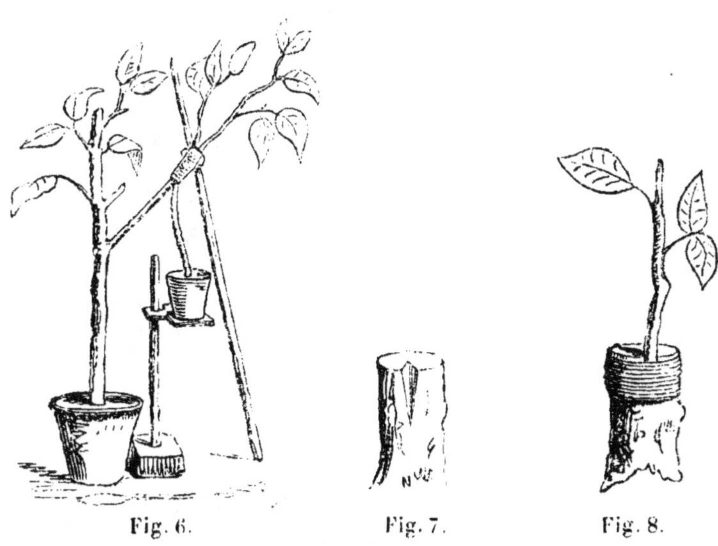

Fig. 6.   Fig. 7.   Fig. 8.

Si, dans un greffage de n'importe quel genre, on ne peut obtenir cette exacte correspondance des sections sur les deux bords des plaies, on se bornera à l'assurer d'un côté, et l'autre se soudera à son tour, quoique plus lentement, par cela seul que le premier aura adhéré au sujet.

Au lieu de fendre, on peut enlever nettement un coin d'écorce et de bois qui corresponde à la section de la greffe. Cette opération se fait mieux avec un outil spécial, pourvu qu'il soit très-bon.

On peut encore opérer en enlevant non pas un coin mais une simple lanière taillée carrément. On fait la même opération en sens inverse sur la greffe qu'on amincit de moitié. L'encoche de la greffe se pose sur la section du sujet. Les figures 9 et 10 feront mieux comprendre cette combinaison.

Cette greffe est assez facile et reprend bien. Elle sera plus sûre encore, ainsi que la greffe en fente, si le sujet a des petites branches inférieures qu'on puisse lui conserver en les faisant entrer sous la cloche et surtout si on peut faire la section du tronc à la hauteur d'une de ces branches. La séve, continuant à être appelée jusque-là, aura bientôt soudé la plaie.

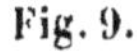

Fig. 9.

Fig. 10.

Fig. 11.

De cette dernière greffe à la greffe en placage, il n'y a plus qu'un pas. Ici, on n'ampute plus le sujet à la hauteur de la greffe, on en retranche seulement ce qui ne pourrait trouver place sous la cloche. La greffe se taille en biseau, aminci par le bas jusqu'à demi-épaisseur. Le sujet reçoit une entaille semblable en sens inverse. Fig. 12 et 13.

Fig. 12.

Fig. 13.

Fig. 14.

Ce mode de greffage, d'exécution facile et reprenant bien, est très-usité, surtout pour le camellia, par cette raison surtout qu'il se fait avec un fragment de branche garni d'une seule feuille, aussi bien qu'avec un plus grand.

Enfin, on aura une chance de succès de plus, lorsqu'on n'a qu'un seul œil à greffer, si on enlève au sujet un segment de même grandeur que le tronçon à greffer, qui s'incruste ainsi en correspondant par toutes ses lignes de section avec celles du sujet. *Voir* fig. 14.

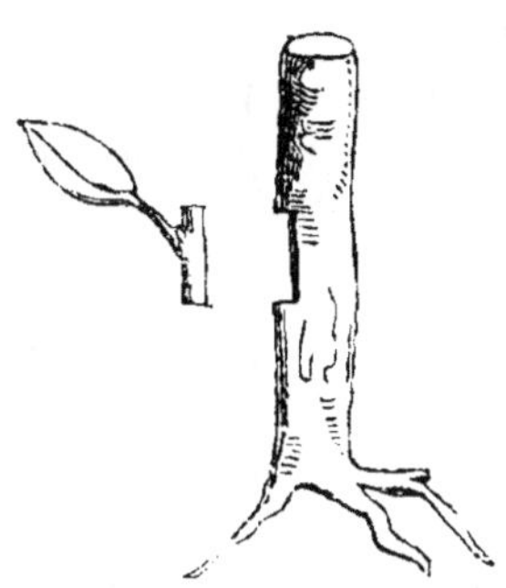

Fig. 15.

Dans tout greffage, on enlève non-seulement l'écorce, mais une partie du bois, tant au sujet qu'au rameau greffé. Les plaies doivent être faites avec un instrument bien tranchant et se présenter parfaitement nettes.

Quand on greffe en approche, on a toute latitude de faire des entailles assez longues, et l'on soude les deux rameaux sur une longueur de 5 à 10 centimètres, suivant la force des deux sujets. On peut réussir fort bien en ne les rapprochant que sur deux ou trois centimètres. Sous cloche, avec de petits sujets, on se contente de les entailler sur une longueur de 10 à 15 millimètres, et pour des arbustes de la grosseur du camellia, la greffe en fente ou en placage se fait fort bien avec un rapprochement long de 10 à 12 millimètres.

Le greffage sous cloche se fait généralement en hiver,

là où l'on dispose d'une serre chaude, mais si l'on n'en a pas, on attendra l'été. Le mois de juillet est le temps le plus convenable. Il exige trois à six semaines pour reprendre. On peut considérer la reprise comme faite, quand les excroissances du nouveau tissu, qui se montrent à travers les intervalles de la ligature, passent du blanc translucide, qui est leur couleur primitive, à une nuance foncée, couleur d'écorce.

Les ligatures doivent être assez fortement serrées, de préférence en laine, à cause de l'élasticité de cette matière. On ombre fortement dans les premiers temps, et toujours plus ou moins jusqu'après la reprise. On visite les sujets tous les jours, on essuie les gouttelettes d'eau qui se fixent à l'intérieur des cloches et on assure une humidité suffisante.

On ne découvre les greffes reprises qu'avec précaution, en évitant pendant plusieurs jours la vive lumière, le vent et l'air trop sec. On ne se hâtera pas d'enlever les ligatures, si ce n'est pour la greffe en fente où elles tiennent d'elles-mêmes. S'il y a étranglement, on desserre et on relie ensuite plus légèrement, jusqu'à ce qu'il n'y ait plus de doute sur la complète adhérence. S'il reste une plaie non refermée, une soudure incomplète, on y maintient une ligature plus ou moins lâche jusqu'à cicatrisation.

Il ne faut pas greffer des rameaux en pleine pousse mais au repos, ou, si la végétation est continue, dans les moments de ralentissements. Il convient que le sujet soit plus en séve que la greffe.

La greffe en fente a cette supériorité que le sujet étant amputé tout entier à la hauteur de la greffe, il n'y a plus d'opération à lui faire subir, tandis que, dans la greffe en placage ou en approche, il reste à couper plus tard le corps du sujet à la hauteur de la greffe, et cette nouvelle amputation est plus ou moins difficile et dangereuse, surtout si la greffe reste faible et n'attire pas beaucoup de séve. On ne coupe qu'au printemps suivant, ou même plus tard, si la greffe pousse faiblement, mais on arrête la végétation du sujet par des pincements.

Mentionnons encore le greffage sur racines, qui se fait en fente, et pour laquelle on se sert de tronçons de racines garnis de chevelu, qu'on replante aussitôt l'opération terminée, en ne laissant saillir que la greffe et le bout de racine qui l'a reçue.

Pour faciliter la guérison des plaies qui résultent du greffage ou des amputations, on emploie des cires à greffer et des onguents de différentes natures. Ils sont inutiles pour les greffes que nous avons décrites, aussi longtemps qu'elles séjournent sous la cloche, mais ils peuvent rendre de bons services quand on les met à l'air, sans que la reprise soit bien complète, et pour les amputations qui suivent.

On fera bien, cependant, de se défier des cires trop dures, et surtout des onguents faits avec du suif ou de l'huile, qui, sous l'action du soleil, s'amollissent et imprègnent de matière grasse la surface des plaies, de manière à les rendre incurables. De l'argile douce maintenue par une ligature très-lâche est fort bonne et n'offre aucun inconvénient.

XXIX

Insectes nuisibles, moyens de les éviter et de s'en débarrasser. — Observations sur les maladies des plantes de serre froide.

Nous avons, dans le cours de cet ouvrage, fait mention de certains insectes nuisibles et enseigné les moyens de s'en débarrasser. Les pucerons, les kermès et leurs variétés ne sont pas les seuls ennemis de ce genre dont l'amateur soigneux ait à se préoccuper. Nous devons encore mentionner : l'acarus rouge ou araignée rouge, très-petit insecte, à peine visible à l'œil, quoique ses ravages, lorsqu'on le laisse pulluler, ne soient que trop apparents; et le tigre, nom vulgaire d'une très-petite espèce d'hémiptère, de thrips, ayant la figure d'une mouche noire et allongée, presque aussi petite que l'araignée rouge et non moins redoutable à quelques plantes. Ces deux insectes se multiplient beaucoup lorsque les circonstances leur sont favorables; ils détruisent la surface des feuilles sur lesquelles ils s'installent et les rendent impropres à leurs fonctions et, en tout cas, fort peu ornementales. Nous avons observé les ravages du tigre sur les azalea indica et sur les fougères; ceux de l'acarus sont fréquents surtout dans les serres chaudes. Ces insectes ne meurent pas par les fumigations de tabac, comme les pucerons, et on ne peut les enlever avec une brosse comme les kermès, mais l'air vif et froid, ainsi que l'eau leur sont mortels; aussi ne se multiplient-ils que dans les serres trop sèches, chaudes et mal aérées. Le moyen de s'en débarrasser est donc dans les seringuages abondants et souvent renouvelés et dans la ventilation. Quand la saison le permet, on met à l'air et surtout à la pluie les plantes qui en sont atteintes, et bientôt tout a disparu.

On en détruit encore beaucoup, au besoin, en frottant les feuilles atteintes avec les doigts, ou en les lavant avec un linge très-mouillé.

Les cloportes, perce-oreilles, limaces, fourmis, etc., ces ennemis des jardins, sont sans importance aucune pour les plantes de serre froide. La plupart disparaissent pendant tout l'hiver, et une serre, tant soit peu soignée, n'a rien à redouter des autres. En plein air, ceux qui vivent de feuilles préfèrent les espèces herbacées indigènes aux productions piquantes et coriaces de la flore australienne.

Nous terminerons par quelques observations sur les maladies des plantes :

Si l'on se conforme strictement aux instructions que nous avons données sur la construction des serres et sur la culture proprement dite, notamment en ce qui est relatif à la ventilation, au seringuage, aux pincements et à l'élagage des branches inutiles, aux dépotements, etc., on échappera sans peine aux maladies qui affligent certaines collections mal tenues. Nous ne connaissons aux arbustes de serre froide aucune maladie naturelle, spéciale, épidémique ou endémique, mais seulement des maladies individuelles et accidentelles, ou plutôt artificielles, provoquées par une culture mal entendue et le manque des plus simples précautions hygiéniques dans la conduite des serres. Peut-être devrions-nous faire une exception pour le *blanc* des erica, maladie analogue, en apparence du moins, au *blanc* ou *meunier* des rosiers, et qui semble contagieuse en ce qu'elle attaque à la fois beaucoup de plantes dans certaines collections d'érica.

Sans nous prononcer sur cette question, nous dirons qu'il y a des érica très-sujets à cette maladie et d'autres qui ne la gagnent jamais. Les premiers sont des espèces très-rameuses, qui forment des touffes excessivement serrées. On rejettera de sa collection celles de ce genre qui n'ont pas un intérêt particulier. Les belles espèces à grandes fleurs, qui se ramifient peu, y sont bien moins exposées. Le traitement par le soufre nous paraît insuffisant, mais la culture rationnelle les préserve presque à coup sûr. Nous avons remarqué que cette maladie n'attaque que les exemplaires faibles ou ceux à branches tellement serrées que l'air n'y circule pas, et qu'elle ne se déclare pas en hiver, mais au printemps et seulement dans les serres trop chaudes et mal aérées, quand les plantes vivent dans une atmosphère trop sèche. De même nous l'avons vue se produire fréquemment en plein air, dans les étés très-chauds et très-secs, et ne pas se montrer aux mêmes lieux, sur les mêmes plantes, si la saison était humide et modérément chaude.

On peut en conclure, et nos observations le confirment, que le traitement doit consister en seringuages fréquents, et que le plein air frais, le pincement des branches qui prennent trop de force, la suppression de celles qui sont inutiles ou fortement attaquées, suffiront pour les rétablir. En pleine terre, où on les met parfois passer l'été, les bruyères ne sont sujettes à cette maladie que pour autant que l'air leur manque ou qu'on les y laisse développer des branches en excès.

On cite encore, comme maladies des plantes, la chlorose, l'étiolement, la langueur, etc., etc. Ces maladies, encore une fois, ne sont que le résultat de la mauvaise culture; on les guérit en faisant cesser la cause qui les a produites, mais il ne faut pas tarder, car, dans certains genres, une plante malade est une plante perdue, ou autant vaut.

XXX

Achats de plantes. — Règles à observer. — Comment on se fait à peu de frais une belle collection.

Avant qu'un amateur soit devenu habile dans l'art de multiplier les plantes, il faut qu'il s'adresse au commerce pour faire le fonds de sa collection; et plus tard, fût-il entouré d'amis généreux, prêts à mettre leurs serres à sa disposition, il faudra encore qu'il ait recours aux horticulteurs de profession pour se procurer les nouveautés, pour s'enrichir de certaines espèces qui manqueraient autour de lui et surtout pour avoir de quoi donner à son tour. Grâce à nos sociétés d'horticulture, qui entretiennent l'émulation entre les amateurs et grâce aussi à un important mouvement commercial, les espèces et les variétés nouvelles se succèdent avec rapidité, soit qu'on les importe des régions les moins explorées, soit que l'art les crée sous nos yeux. S'il est parfaitement inutile de vouloir se procurer toutes les nouveautés qui paraissent ou même la plupart, il n'est pas possible de s'en passer tout à fait et de s'en tenir uniquement aux vieilleries. Outre qu'une collection, vieille toute entière de plusieurs années, n'est plus guère présentable par le progrès qui nous entraine, il n'est pas non plus indifférent, même pour celui qui se tient en dehors de nos luttes pacifiques, de revoir chaque année les mêmes fleurs, toujours renouvelées, ou de ranimer, de temps en temps, son ardeur en introduisant dans sa serre des formes nouvelles, des coloris inconnus ; en se tenant, enfin, dans la voie du progrès général.

Mais suivre le progrès sans donner dans l'exagération, acheter à-propos sans gaspiller les fonds de son petit budget d'amateur, n'est pas l'affaire du premier venu. La rareté, la nouveauté ont un grand intérêt, mais un intérêt passager ; le beau seul est de tous les temps. Nous avons dit comment on pourrait élever, conserver et mener à bien une collection de plantes de serre froide ; il nous reste à enseigner comment on les achète et à quels signes on peut reconnaitre celles qui demeureront bonnes, celles qui payeront les soins qu'elles vont réclamer.

La mode exerce son empire sur l'horticulture, et ses arrêts, dictés souvent par le caprice ou inspirés par la position spéciale de ceux qui donnent le ton, sont loin d'être irréprochables. Le sage la suit de loin et ne s'empresse ni de rebuter de vieilles amies, un instant discréditées, ni d'en accueillir sans réserve de nouvelles qui n'ont pas fait leurs preuves. Laissons les amateurs qui possèdent de vastes serres et une grande fortune s'approprier les *hautes nouveautés* aussitôt qu'elles voient le jour. Pour nous, modestes amateurs, qui formons l'immense majorité, la patience est une vertu nécessaire. Savoir attendre un an ou deux, ce n'est pas seulement payer trois francs ce qui en valait trente, et obtenir dix plantes pour le prix d'une seule, c'est encore échapper à de grandes déceptions. Celui que sa fortune met à même d'acheter à haut prix une satisfaction d'amour-propre ou de contenter une légitime impatience, fait bien de prendre les devants. Si les plantes qu'il aura largement payées ne répondent pas toutes à son attente, son but n'en est pas moins atteint : il a obtenu les palmes qu'il ambitionnait, montré les nouveautés dans leur primeur et des raretés interdites à d'autres. Il a, de plus, encouragé le commerce, contribué à maintenir le renom horticole du pays et payé noblement l'expérience dont de moins riches profiteront après lui. Pour ces derniers, le cas n'est plus le même; ne pouvant renouveler incessamment leurs collections, il faut qu'ils les composent de plantes plus connues, mieux éprouvées; qu'ils n'achètent qu'à bon escient.

Visiter les collections et les établissements de commerce, bien observer, ne point s'engouer à la première vue, acquérir à propos mais surtout savoir attendre, voilà, pour l'amateur qui débute, la première leçon.

Si l'on ne vise qu'à former une collection de variétés d'un même genre, il faudra surtout se défier de ces éternelles nouveautés, traites tirées sur la bourse des amateurs crédules et auxquelles ils font honneur avec une simplicité digne de l'âge d'or. Certes, l'art d'hybrider et d'obtenir des variétés brillantes est porté bien loin; mais il y a des limites naturelles qu'on ne saurait franchir. Le progrès réel a des bornes que la nature a tracées et les charlatans sont audacieux. Ne croyons pas à tous ces gains, merveilleux sur le papier, qui encombrent les serres et n'y produisent qu'une désespérante monotonie. Appelons-en, chaque fois qu'il se peut, au témoignage de nos yeux. Celui qui se tiendra prudemment sur la réserve, choisissant à coup sûr, *de visu*, aura certes une collection plus belle que l'amateur ardent de nouveautés, toujours prêt à réformer ses anciennes plantes et à accueillir de prétendus gains qui ne les valent pas.

S'il s'agit de peupler de plantes variées, prises indistinctement dans tout ce qui satisfait le goût, une serre froide telle que nous en voudrions voir plus souvent, le choix est encore difficile, mais d'autres considérations le guident et il n'est plus aussi nécessaire de voir d'abord les fleurs.

Sans parler des plantes d'ornement proprement dites, dont tout le mérite réside dans la beauté de leur port, l'originalité ou la richesse de leur feuillage, il y a nombre d'arbustes qu'on peut choisir, sans risquer grand mécompte, sur leur simple aspect, soit pour l'élégance de leur feuillage ou pour quelque autre qualité semblable, ou simplement parce qu'ils appartiennent à un genre connu et estimé. Si l'on se trompe, les erreurs n'ont pas grande portée.

Il faut se défier, si l'on n'est cultivateur fait et en possession d'une bonne serre, de beaucoup de plantes mignonnes et délicates, les plus jolies souvent, en de bonnes mains, mais aussi les plus ingrates. Les meilleurs jardiniers n'en savent pas toujours tirer parti. Pour un débutant, les espèces un peu rustiques sont préférables; on se forme à les soigner, et les écoles qu'on y fait n'ont pas de suites irréparables.

La connaissance de l'époque où fleurit une plante est d'une grande importance. Nous avons dit assez souvent que les plantes de serre froide ne sont pas appelées à rivaliser dans nos jardins avec les roses, les dahlias ou les reines-marguerites. Il en est bien quelques-unes dont le rôle dans les parterres est considérable, mais ce sont là des spécialités; il y en a d'autres dont le port étrange et franchement exotique fait un grand effet le long des avenues ou mêlées aux plantes de plein air; enfin, on ne peut dédaigner de charmantes plantes, comme pimelea decussata, burchellia capensis, bignonia jasminoïdes, etc., parce qu'elles fleurissent en même temps que les roses; mais il n'est pas moins vrai que pour l'amateur qui raisonne ses plaisirs, l'hiver est la saison où les plantes de serre froide doivent fleurir. Nous entendons cet hiver de sept mois, d'octobre en mai, qu'elles passent à couvert. Avoir une serre bien disposée et meublée avec goût, verte et fleurie pendant que l'hiver sévit de l'autre côté du vitrage, voilà le vrai but, nous le répétons en finissant. Ceci n'est pas la condamnation des collections spéciales, encore moins des goûts particuliers, c'est un conseil à l'usage de ceux qui n'ont pas de préférences arrêtées.

Outre le choix des espèces, il y a celui des exemplaires. Nous déconseillons fortement d'acheter des plantes faites, qui ont déjà porté fleurs, à moins qu'on ne les trouve tout à fait à sa convenance. Sans parler de cette circonstance qu'on s'attache peu aux plantes qu'on n'a pas élevées, il importe de se défier des exemplaires qui ont parcouru toutes les premières phases de leur existence entre les mains d'un autre. Il se peut que les dépotements aient été mal faits, mal à propos ou en mauvaise terre; les serres et les jardins, d'ailleurs, ne se ressemblent pas, et il a y une phase d'acclimatement qui est féconde en accidents pour les plantes déjà formées.

Les très-jeunes individus, d'un an s'il se peut, de deux au plus, n'y sont pas aussi exposés, du moins lorsqu'ils sont bien repris et bien enracinés. Ils ont surtout cette supériorité qu'on peut, dès l'arrivée, leur donner des soins bien entendus, les former, les arrêter à temps, etc., tandis que sur de plus âgés, les défauts contractés sont souvent irréparables. Enfin, si on les perd, ce sera peu de chose, il n'y aura qu'à recommencer.

Les indications générales et nécessairement assez vagues que nous avons données sur le choix des genres et des espèces et sur les exigences particulières de certaines cultures ne peuvent rendre que des services limités. Il reste toujours aux amateurs à acquérir des connaissances spéciales dont le détail est infini et qu'on ne se donne point sans payer chèrement son expérience. Pour leur venir plus directement en aide, nous allons terminer par une revue des genres et des espèces qu'on trouve dans le commerce, avec des notes succinctes sur l'époque de leur floraison, leur valeur ornementale et sur les soins particuliers que réclament certains d'entre eux. Nous nous plaçons, en faisant ce travail, au point de vue de l'amateur de plantes variées, curieux de réunir ce qu'il y a de plus intéressant pour la serre froide, et de rester fidèle aux lois de l'harmonie des formes et des couleurs. Nous n'avons point la prétention de présenter un travail complet, mais d'être utile à ceux dont l'expérience n'est point formée.

REVUE

DES

GENRES ET ESPÈCES DE SERRE FROIDE

GÉNÉRALEMENT CULTIVÉS.

ABELIA (famille des caprifoliacées). Petits arbustes intéressants, fleurissant l'été. Espèces : rupestris, floribunda, *uniflora*. (1)

ABUTILON (malvacées). Jolies fleurs, variées, surtout d'été, feuillage trop ample, mauvais port et végétation luxuriante. Bon pour les grandes serres.

ACACIA (legumin.). L'un des genres les plus précieux pour la serre froide, extrêmement élégant, varié de feuillages; culture facile, fleurs la plupart de printemps et d'hiver, presque toutes jaunes et assez semblables l'une à l'autre. Le nombre des espèces est de plusieurs centaines, qui ont toutes leur intérêt. Nous recommandons, pour les petites serres, A. paradoxa, verticillata, *floribunda*, *platyptera*, *Drummondi*, *grandis*, *rotundifolia*, *pulchella*, nigricans, pubescens, cordata, etc.

ADAMIA (saxifr.). Plantes d'un port lourd, plutôt d'orangerie et de pleine terre d'été.

ADENANDRA. *Voir* DIOSMA.

AGAPANTHUS (liliacées). Grosse liliacée peu ornementale à belles fleurs bleues d'été.

AGATHOSMA. *Voir* DIOSMA.

---

(1) Nous indiquons en caractères italiques les espèces de chaque genre qui méritent le mieux la culture.

AGAVE (liliacées). D'orangerie et d'ornementation. Ce genre, aujourd'hui en faveur, a de très-belles espèces, dont quelques-unes tiennent bonne place en serre froide. Presque point d'eau l'hiver, assez bien l'été et mieux en pleine terre sèche et chaude. Ag. *Filifera, Xylinacantha, Yuccoïdes*, etc.

AGNOSTUS ou STENOCARPUS (protéacées). Grand et bel arbre, feuillage remarquable et fleurs fort belles mais difficiles à obtenir, hors dans les étés très-chauds et sur de grands exemplaires.

AKEBIA (lardizabalées). A. Quinata a un joli feuillage, des rameaux sarmenteux et des fleurs rouge vin plus étranges que belles, etc.

ALOE (liliacées). Plantes grasses très-singulières et très-faciles, mais de très-peu d'effet en général. On peut en admettre un petit nombre, entre autres : Mitrœformis, Ferox, Umbellata, etc.

ALONZOA (scrophul.). Semi ligneux, mauvais port et mauvais feuillage, fleurs assez jolies d'été.

ALSTROEMERIA (liliacées). Plantes de châssis ou de pleine terre. Très-belles fleurs.

ALYXIA. Jolis petits arbustes à menu feuillage et à fleurs assez intéressants. Al. Daphnoides, ruscifolia, pugioniformis.

AMARYLLIDÉES. La plupart des *Amaryllis* réclament la serre tempérée, mais il y a une foule de genres de cette famille qui apportent un contingent précieux aux serres froides, et dont quelques-uns donnent leurs fleurs à l'automne ou au printemps. Citons : Pentlandia, *Vallota, Belladona, Strumaria, Nerine, Sprekelia*, Zéphirantes, Clivia, *Brunsvigia*, Phycella, Hœmanthus, *Cyrtanthus*.

AMPHICOME (scroph.). Plantes basses et semi herbacées. De peu d'utilité en serre froide.

AMYCIA (papill.) Hiver. Végétation fougueuse et médiocrement ornementale, fleurs jaunes assez jolies.

ANAGALLIS (primul). Fleurs d'été, herbacées.

ANDERSONIA (épacrid). A. *Sprengelioïdes*, assez jolie petite plante à très-petite fleur blanc rosé au printemps.

ANDROMEDA (vaccin.) Très-jolies plantes buissonnantes, à fleurs en grelot et en grappes, blanches, rosées et rouge dans And. *buxifolia*; celle-ci est assez délicate, les autres faciles. And. Augusta, formosa, etc. And. *floribunda*, qui passe mal en plein air, est charmante en pots dans la serre.

ANIGOSANTHUS (hœmodor.). Plantes assez grandes, à port herbacé, très-bizarres, assez belles et de culture difficile. On les rencontre peu. A. Coccineus, Flavidus.

ANTHOCERCIS (scrophul.). Plantes assez laides sous tous les rapports.

AOTUS (papill.). Petits arbustes australiens, jolis, à floraison facile et printanière. Culture ordinaire.

APHELEXIS. *Voir* HELICRISUM.

APONOGETON (naïadées). Plante aquatique jolie et fort bizarre. Fleur d'été, culture facile.

ARALIA. Arbrisseaux d'ornement et de grandes dimensions, la plupart fort beaux de feuillage.

ARAUCARIA (conifères). A. *excelsa* est toujours le plus bel arbre d'ornement pour une serre froide. Les autres nous semblent très-inférieurs.

ARBUTUS (vacciniées). Ce beau genre fournit à la serre froide quelques plantes excellentes, surtout A. *nitida*, *xalapensis*, tomentosa, à fleurs printanières.

ARCTOSTAPHILOS. *Voir* ARBUTUS.

ARDISIA (myrsinées), Ard. *Japonica*, assez joli l'hiver.

ARISTOLOCHIA. Ce genre bizarre a deux ou trois espèces de serre froide qu'on dit intéressantes. A. ciliaris, cornuta.

ARTHROPODIUM (liliacées). A. paniculatum (?), herbe acaule à panicule de fl. blanches curieuses et jolies, en été.

ASTELIA. Genre très-peu ornemental et difficile.

AULAX (protéacées). A. *Pinifolia*, très-belle protéacée à peine connue et méritant de l'être beaucoup.

AZALEA (éricacées). Voir çà et là dans le cours de l'ouvrage. Se taillent après la fleur et aussi court que l'on veut. Dépotements en été et au printemps quand on ne taille pas court. Arracher tout le vieux chevelu. Pots assez petits. Arrosements abondants, air, etc. On arrache fin de l'hiver les premières pousses qui s'échappent autour des boutons à fleurs, si l'on veut voir ceux-ci dans toute leur beauté. Laisser fleurir à demi ombre. Pleine terre l'été pour les malades et les vieux qu'on veut rétablir.

BABIANA. *Voir* IRIDÉES.

BÆCKEA (myrt.). Jolis petits arbustes, dont le tort est de fleurir l'été.

BANKSIA (proteac.) Fort beau genre, très-riche en espèces ornementales et curieuses; fleurs très-bizarres. Difficiles dans leur jeunesse, mais de croissance assez rapide. Grande lumière, peu d'eau aux petits, assez bien aux plantes faites. Méritent d'être plus répandus dans les grandes serres.

BAROSMA (diosmées). B. purpurea, très-joli, fleurs d'hiver en grappes rosées, durant longtemps.

BAUERA (saxifr.). Croissance rapide et touffue, joli feuillage, mais fleurs trop rares, roses, jolies, effet médiocre.

BEAUFORTIA (myrtacées). Voisin des MELALEUCA et METROSIDEROS, beaux arbustes, belles fleurs d'été.

BEJARIA (éricacées). Rien de plus joli que les buissons de Bejaria, garnis de feuilles gracieuses et de charmants bouquets de fleurs, imitant de petits azalea, de nuances fraîches, roses, blanches, etc. Le revers de la médaille, c'est que la culture de ces arbustes alpins est fort difficile, surtout dans les villes, et qu'on les perd très-aisément. Culture des Erica en attendant mieux.

BENTHAMIA (cornées). B. *fragifera*, assez bel arbuste donnant des fruits que l'on a comparés à des fraises.

BERBERIS. Les Berberis sont la plupart de plein air. Un petit nombre réclame un abri et font joli effet en serre par leur feuillage et leurs fleurs printanières. B. *Darwinii, trifoliata*, etc., ne pas confondre avec les Mahonia.

BESCHORNERIA (liliacées). Voisins des Agaves et fleurissant aisément, médiocres.

BESSERA (liliacées). Jolies petites fleurs printanières, en ombelles rouges et roses.

BIGNONIA. Magnifique genre d'arbuste grimpant. En serre froide on a les B. *pandorea*, très-joli printanier, B. *jasminoïdes*, dont on fait d'admirables arbustes en l'élevant sur une tige et en pinçant au printemps les rameaux qui s'emportent, etc., etc.

BILLARDIERA. *Voir* SOLLYA.

BLANDFORDIA (liliacées). Petites liliacées de la Nouvelle-Hollande, rares et difficiles, mais fort belles. B. *nobilis, grandiflora, flammea.*

BOMAREA (amaryll.). Sortes d'ALSTRŒMERIA grimpants, fort jolis et gracieux, mais ne convenant que pour la culture sous châssis et non en pots.

BONAPARTEA (liliacées). Très-belles plantes d'ornement, plutôt de serre tempérée.

BORBONIA (légum.). Petit arbuste intéressant, du Cap, à fleurs d'été.

BORONIA (diosm.) Genre des plus recommandables, renfermant quelques espèces faciles et médiocres, comme *polygalifolia* et *viminea*, et d'autres charmantes, trapues, florifères, ornant on ne peut mieux les serres au printemps, mais assez délicates et difficiles à conserver. B. *serrulata, crenulata alata, Drummondi, anemonefolia* et *pinnata.*

BOSSIÆA (papill.). Très-jolis arbustes australiens, réclamant le grand soleil et un peu délicats. B. *heterophylla, linophilla, scolopendrea*, etc.

BOUVARDIA (rubiacées). Les uns pour la pleine terre d'été, les autres pour la serre tempérée. Les Bouvardia de serre froide et bons de feuillage sont rares. Très-jolies plantes d'ailleurs.

BRACHYSEMA (légum.). Jolis arbustes plus ou moins sarmenteux, à fleurs d'hiver ou de printemps, et généralement rouges, qu'on doit pincer en été pour les faire ramifier. B. *latifolia, acuminata, aphylla, hybrida,* etc.

BRUGMANSIA et DATURA (solanées). Lourdes plantes à vilain feuillage d'orangerie et pleine terre d'été.

BRUNSWIGIA. *Voir* AMARYLLIS.

BURCHELLIA (rubiac.). Port un peu lourd mais fort belles fleurs écarlates-orangées en tube, qui ne s'ouvrent qu'en été. B. *speciosa, capensis*

BURSARIA (Pittospor.). Assez joli arbuste de la Nouvelle-Hollande, mais fleurs d'été.

BURTONIA (papill.). Très-petits arbustes à forme de bruyères, fleurs des plus jolies du printemps et de l'été, mais très-difficiles et craignant surtout les arrosements intempestifs. B. *pulchella, violacea,* etc.

CACTÉES. Les plantes de cette famille appartiennent plutôt à la serre tempérée. Plusieurs passent en serre froide où elles peuvent contribuer au pittoresque de l'ensemble et donner de belles fleurs à la fin du printemps. *Cereus, Epiphyllum, Echinopsis, Mamillaria*.

CALCEOLARIA (scroph.). Les Calceolaria ligneux forment un genre de plantes très-convenable pour les parterres d'été. *Calc. violacea* peut s'élever en arbuste à tête, en retranchant les gourmands avec soin et à mi-ombre; il y fleurit fort agréablement. Les Calceolaria herbacés sont de charmantes plantes, extrêmement curieuses et variées, qu'on sème en août en terrines pour les repiquer toutes petites, et qui doivent passer l'hiver aux meilleures places de la serre froide, où elles fleurissent vers le commencement de l'été.

CALLICOMA (saxifr.). Arbuste australien à feuillage assez beau, fleurs de peu d'éclat, en mai-juin.

CALLISTACHYS (legum). Arbrisseau médiocrement élégant, à fleurs jaunes agglomérées, de printemps ou d'été. C. lanceolata, ovata.

CALLISTEMON. *Voir* METROSIDEROS

CALOTHAMNUS (myrth). Voisins des Metrosideros. Fleurs bizarres composées de filaments rouges, feuillage et port assez bons. Floraison estivale. Ces arbres sont néanmoins si curieux et si caractéristiques, qu'on doit en avoir un ou deux, au moins dans les grandes collections.

CAMELLIA. Nous avons assez parlé de la culture de ce genre d'élite dans le corps de l'ouvrage pour n'avoir plus besoin d'y revenir ici.

CANARINA (Campan). N'est intéressant qu'en serre tempérée où elle fleurit l'hiver.

CANDOLLEA (Dilleniacées). C. cuneiformis, arbrisseau à grandes
     fleurs jaunes très-fugaces, en mai-juin.
CANTUA (Polemon). Très-belles fleurs de longue durée sur des abris-
     seaux de médiocre aspect, trop peu feuillus. Exciter une
     forte végétation et faire fleurir en serre tempérée plutôt
     que froide. C. *dependens*, pyrifolia, *buxifolia*.
CARMICHÆLIA (legum). Singulier arbre sans feuilles, rameaux
     comme des joncs aplatis. Au printemps, fleurs très-petites
     en grappes, jolies, violet et blanc. C. *Australis*.
CASSIA (legum). De peu de valeur ornement. C. *schinifolia* est ce-
     pendant jolie et fleurit une bonne partie de l'année. Fleurs
     jaunes.
CASTANOSPERMUM. C. Australe, grands arbres d'ornement de la
     Nouvelle-Hollande.
CASUARINA. Grands arbres sans feuilles peu intéressant. Étranges
     mais point beaux. Plutôt d'orangerie.
CEANOTUS (rhamnées). Très-joli genre à feuillage serré et bien vert,
     port un peu roide, charmantes fleurs beau bleu, de prin-
     temps. Son défaut est d'être très-sujet aux kermès, dont
     il est difficile de les débarrasser. Toutes les espèces sont
     intéressantes et jolies.
CERATOSTEMMA (vaccin). Arbres d'assez grande taille, genre Thibau-
     dia, fleurs en gros tubes orangés, très-belles, mais trop peu
     abondantes. Culture délicate.
CEREUS. *Voir* CACTÉES.
CESTRUM (solanées) Les CESTRUM, CHŒNESTES et HABROTHAMNUS,
     forment un groupe d'arbrisseaux à peine ligneux, ayant de
     grands rapports entre eux, voraces, à végétation rapide,
     croissant énormément l'été en pleine terre, et de très-
     médiocre ornement en serre froide. Fleurs d'ailleurs assez
     belles, de diverses saisons. A cultiver aux fenêtres bien
     exposées.
CHAMŒROPS. Beaux palmiers de serre froide, du moins les Ch. *hu-
     milis*, *palmetto* et *sinensis*, qui sont d'un effet superbe
     dans les serres.
CHEIRANTHERA (pittosp). Bel arbuste à feuilles en aiguilles et à
     grandes fleurs bleues. Nouvelle-Hollande.
CHEIROSTEMON PLATANOIDES (stercul). Grand arbre, d'ornement
     d'Amérique, fleurit très-peu. Plutôt serre tempérée.
CHIRONIA (Gestian). Petites plantes sous-ligneuses à très-jolies fleurs
     roses. Ch. *Fisheri*, fleurit en serre en octobre. Sans fleurs,
     ils sont assez laids. Ne durent que deux à trois ans. Bou-
     tures et semis. Craignent l'excès d'eau.
CHORIZEMA (papill). L'un des plus jolis genres. Plantes buissonnantes
     très-florifères et fleurs très-gracieuses, d'hiver ou de prin-

temps ; soleil, air. Ch. *varium* et ses variétés, *ericoides,
triangulare,* flavum, etc.

CINERARIA (composées). Semis au printemps, culture des calcélaires
ligneux, fleurs à la fin de l'hiver. On peut aussi bouturer.
Plantes très-voraces, avides d'eau, sujettes aux pucerons.

CITRUS. Les petits *orangers à feuilles de myrthe*, qui fleurissent et
portent fruit à la hauteur de quelques pouces, sont très-
jolis en serre froide. Terre de bruyère dans leur jeunesse.

CLETHRA (Ericac). Plutôt d'orangerie. Les petits Clethra arborea, à
feuilles panachées, sont beaux en serre froide. Fleurissent
en juin.

CLEYERA. C. Japonica. D'orangerie, fleurit?

CLIANTHUS (legum). Semi-rustiques, à peine semi-ligneux, très-belles
fleurs, qu'on n'obtient pas toujours en mai-juin, craignent
la chaleur. Voraces.

COCOS (palmiers). Le *cocotier du Chili* est tout à fait de serre froide
et assez ornemental.

COLEONEMA (Diosm). Arbustes grêles, gracieux, très-jolis, fleurs roses
et printanières, point difficiles. C. *pulchra.* C. *tenuifolia,*
plus mignon et plus florifère.

COLLETIA (Rhammées). Arbustes épineux, fleurs en tube qui ne sont
pas sans mérite. C. *cruciata.* Jolie.

COMAROSTAPHILIS. *Voir* ARBUTUS.

CORDYLINE. *Voir* DRACÆNA.

CORREA (Diosmées). Genre très-précieux, à fleurs d'hiver ou de printemps. Il y en a de nombreuses espèces et variétés, presque
toutes jolies. *Cardinalis* est le plus beau. Assez faciles.

CONIFÉRES. On collectionne les arbres de cette famille dont plusieurs
ont de grandes qualités ornementales. Outre les *Araucaria,*
dont nous avons parlé, on admire encore les *Dammara,*
quelques *dacridium, Phylloclades, pinus, podocarpus,* etc.,
qui sont de serre froide.

CORYNOCARPUS (myrsinées). Arbres de la Nouvelle-Zélande, médiocre.

COSMELIA (épacrid). C. *rubra,* plante charmante à gros tubes car-
min et à joli feuillage. Très-délicate et rare.

CRASSULA. Plantes grasses à belles fleurs d'été, fort laides de port.

CROTALARIA (legum). Arbustes raides et peu gracieux, jolies fleurs
dans quelques espèces.

CROWEA. Excellents arbustes à belles fleurs roses d'automne et d'hiver, de longue durée. Il leur faut des tuteurs et une taille
après la fleur au premier printemps. Pots assez petits.
Greffes sur correa alba. C. *saligna* et surtout *Latifolia,
stricta.*

CUPHEA (lythracrées). Semi-ligneux et peu gracieux sinon pour la
pleine terre d'été.

CYCAS. C. *revoluta*, est de serre froide et magnifique en grands
exemplaires.

CYCLAMEN (Primul). Plante tuberculeuse, acaule, jolies feuilles et
charmantes fleurs de printemps, durant longtemps. Repos
après la fleur jusqu'en août. Depotements avant la pousse,
pots assez larges. Semis aussitôt la graine mûre. C. *per-
sicum, coïm, repandum*. Il y en a qui fleurissent en automne et dont il faut modifier la culture en conséquence.
Ce sont : C. *Europœum, hederœfolium* et *macrophyllum*.
Moins beaux.

CYPRIPEDIUM (orchidées). C. *insigne, venustum, purpuratum* etc.
sont de serre froide. Ils ont leur place sous les arbres et
buissons ; les plus mauvaises et les moins aérées. Culture
dans un mélange de bruyère et de mousse.

CYTISUS (legum.). C. *foliosus, albus* et autres (GENISTA) peuvent
tenir une petite place. Ils fleurissent à la fin de l'hiver.

DAMMARA. *Voir* CONIFÈRES.

DAPHNE (Thy.nel). Presque rustiques, certains Daphne ont néanmoins
leur place en serre froide où ils sont toujours verts et fleurissent l'hiver. Leur odeur est délicieuse. D. *fortunei* perd
ses feuilles et a de grandes fleurs bleu pâle inodores.
D. *cneorum, Delphini, Indica, Japonica, Altaïca*, etc

DASYLIRION. *Voir* BONAPARTEA.

DATURA. *Voir* BRUGMANSIA.

DAVIESIA (papillon). Arbustes assez grêles, nains, à fleurs jaunes,
petites et de peu d'éclat, qu'il faut cependant cultiver pour
leur floraison hivernale et abondante et pour la grâce de
leur ensemble. D. *pungens, ulicina, cornuta*, latifolia, etc.

DESFONTAINEA. Très-bel arbuste à feuilles de houx et à fleurs
rouges en gros tubes. Semi-rustique. Fleurit peu. Pata-
gonie.

DIANELLA (liliac). D. *cœrulea*. Tige tortueuse, nue au sommet, feuillage de graminées et fleurs bleues, jolies, en panicule, mérite la culture. On a encore D. dubia, latifolia, etc.

DIETES (iridées). Belle iris de serre à fleurs jaunes et noires ; toujours
assez rare. D. *bicolor*.

DILLWYNIA (capill.). Arbustes très-mignons, élégants, très-petites
feuilles et fleurs d'hiver fort jolies. Plus ou moins délicats, air
et lumière, point trop d'eau. D. *glycinifolia*, très-joli, disparu
des cultures. On trouve D. *juniperina, cinerascens, rudis,
amœna, speciosa, parviflora*, etc., etc., tous bons.

DIONŒA (droser.). On ne jouit de cette très-curieuse plante que si
l'on a une serre chaude pour l'y faire pousser.

DIOSMA. L'un des genres les plus beaux et les plus précieux pour la
serre froide. Il y a des diosma à petites fleurs très-abon-

dantes qui ont leur mérite, cultivés en boule bien garnie, et d'autres à fleurs moyens ou grandes, qui sont de toute beauté. Ils fleurissent de bonne heure. Parmi les petits on cultive D. ciliata, ambigua, *ericoïdes*, etc. Parmi les grands, D. *speciosa*, le plus répandu, est magnifique. On a encore : D. *uniflora, serratifolia, amœna, latifolia*, etc. tous fort beaux mais exigeant de grands soins. D. *fragrans*, à très-grande fleur rouge, l'emporte sur tous les autres.

DIPLACUS (scroph.). D. *grandiflorus* est très-curieux avec ses grands fleurs nankin découpées. Laid en hiver par son feuillage.

DIPLOLÆNA (diosm.). D. *dampieri*, plutôt curieux que joli, n'est pas sans mérite

DORYANTHES (Amaryl.). Plante gigantesque et très-belle de la Nouvelle-Hollande qui ne convient qu'aux très-grandes serres. Avare, d'ailleurs, de ses belles fleurs.

DRACŒNA (asparag.). Genre très-ornemental dont il faut quelques pieds dans une serre pittoresque. D. *indivisa, australis*, etc.

DRACOPHYLLUM (épacrid). Petites plantes très-gracieuses à fleurs blanches printanières, assez difficiles. D. *gracile, hugeliï, secundum*, etc.

DRYANDRA (protéacées). Arbrisseaux voisins des Banksia et encore plus pittoresques. Fleurs assez insignifiantes ; nécessaires aux grandes serres.

DRYMIS (magnol). Grand arbrisseau à fleur blanche. Plutôt d'orangerie.

DYCKIA (Bromel). Petite plante grasse assez intéressante. Fleurs oranges. D. remotiflora.

ECHEVERIA (crassul). Plante grasse de médiocre intérêt.

ECHINOCACTUS. *Voir* CACTÉES.

ECHINOPSIS. *Voir* CACTÉES.

EDGEWORTHIA (Thymel). E. *chrysantha*, arbuste de Chine à fleurs jaunes assez jolie, feuillage lourd.

ELÆOCARPUS (Eleoc). E. *cyaneus*, arbuste assez petit, à grand feuilles et à grappes de fleurs blanches frangées.

ELÆODENDRON (celastr.). Arbuste d'orangerie (?) fleur blanche insignifiante, fruits bleus.

EMBOTHRIUM (proteac). Arbrisseau magnifique, mais très-sujet à périr subitement. E. *speciosissimum* à grosse tête de fleur du plus beau rouge, ne fleurit pas aisément. On vante beaucoup E. *coccineum*. Il y a aussi E. *lanceolatum*.

ENKIANTHUS (vaccin). Très-bel arbre de Chine, bon feuillage et fleurs printanières, roses, charmantes, un peu délicat. Place chaude, pas trop d'eau ni de soleil. E. *quinqueflorus* et deux ou trois autres peu connus ou peu différents de l'espèce.

EPACRIS. Aux espèces primitives, toutes belles, la culture a joint beaucoup de variétés de semis. Ce genre est des plus riches et des meilleurs et a sa place obligée dans toute serre froide. Les fleurs viennent, en général, l'hiver. Culture un peu difficile, comme celle des bruyères du Cap, avec moins de soleil.

EPIPHYLLUM. *Voir* CACTÉES.

ERICA. Ce genre, le plus élégant, le plus mignon, le plus riche en espèces et en variétés, le plus florifère, qui devrait embellir toutes les serres froides, fait le désespoir aux amateurs, entre les mains de qui les plus beaux périssent subitement ou végètent mal. Les Anglais, cependant, les cultivent en abondance. On dit : « C'est le climat. » Une longue expérience nous a prouvé que notre climat n'est pas un obstacle, si l'on observe rigoureusement les règles que nous avons tracées : grande lumière, ventilation sans relâche, air pur et d'une certaine moiteur, seringuages fréquents, point de chaleur, arrosements seulement au besoin et alors assez abondants, taille en saison, suppression des rameaux inutiles, pincements réitérés ; dépotements au moins une fois l'an, avec arrachement du vieux chevelu. Nous avons plus d'une fois, dans le corps de l'ouvrage, donné des indications sur cette culture, qu'il est déplorable de voir si négligée.

ERIOSTEMON (Diosm.). Encore un très-beau genre, mais peu varié. Fleurs d'hiver blanches ou rosées, fort jolies et durables, bon port. Culture ordinaire E. *myoporoïdes*, *buxifolium*, *scabrum* et plusieurs autres espèces ou variétés intermédiaires, toutes bonnes.

ERODIUM (Geran.). Fleurs herbacées très-voisines des Geranium. Jolies fleurs d'été. Peu cultivés.

ESCALLONIA (saxifr. esc.). Les uns médiocrement florifères, les autres peu intéréssants. Les Escallonia n'ont pas répondu à ce qu'on attendait de ce genre. Esc. *macrantha*, élevé sur une tige à laquelle on ôte les gourmands, fleurit assez bien. Belles fleurs printanières.

EUCALYPTUS (myrt.). Très-grands arbres en Australie. Plus curieux que beaux en serre.

EUCHILUS (papill.). Arbuste de petite taille, jolie fleur jaune et rouge, printanière. E. *Obcordatus*.

EUCOMIS (liliac.). Fleur automnale, assez jolie, verte, etc.

EUGENIA (myrt.). Arbres très-voisins des myrtes, très-intéressants. Plusieurs ont des fruits comestibles, tous d'assez jolies fleurs d'été ou d'automne et des feuillages élégants. *Eugenia Ugni* est à la fois une jolie plante et un arbuste à fruits agréables, très-parfumés, murissant en pots.

EUTAXIA (papill.). Jolis arbustes à fleurs jaunes, très-abondantes, printanières. Culture facile. E. *myrtifolia, Baxteri.*

FABIANA (solan.). F. Imbricata, assez joli arbuste à très-petites feuilles et à fleurs blanches, abondantes, en tube. On en peut tirer parti.

FABRICIA (myrt.) de l'Australie. Fleures blanches en mai. Assez joli. F. *Australis*

FOUGÈRES. Il y a de très-belles fougères, même des fougères en arbre pour la serre froide. Les amateurs du pittoresque ne peuvent s'en passer. On les place, l'hiver, aux plus mauvais endroits de la serre, sous les grands arbres à l'abri du soleil. L'été à l'ombre et très-bien en pleine terre de bruyère ombragée. Arrosements bien réglés, air humide, dépotements assez fréquents.

FUCHSIA (onagr.). Culture spéciale de printemps et d'été, nullement difficile. Le Fuchsia aime à fleurir en serre bien ombrée. Ses tiges nues ont mauvaise grâce, l'hiver, parmi les arbustes de serre froide.

GARDOQUIA (labiées). En été, jolies fleurs rouges, assez grandes sur de petits arbustes grêles et peu branchus, vivant peu. G. *hookeri.*

GARRYA (Garryac.), plutôt d'orangerie. Feuillage lourd, fleur en châtons.

GASTROLOBIUM (papill.). Jolies légumineuses à fleurs jaunes et rouges, petite taille, assez bon port, méritent une place, fleur fin de l'hiver. G. *bilobum, ellypticum,* etc.

GAULTHIERA (vaccin.). Petits buissons verts à fleurs en grelot, blanches, roses ou rouges, très-jolies. Point trop difficiles. G *furens, hispida, nummulariæfolia, coccinea, discolor, laurel,* etc. Plutôt d'été que de printemps.

GAY-LUSSACIA (Vacc.). Voisins des précédents et des arbutus ; jolis arbustes à charmantes, fleurs en grelots, d'été (?). Culture difficile.

GENETHYLLIS (myrt.). Magnifique arbuste en son pays, peu florifère en serre, comme il arrive souvent des arbustes de l'Amérique australe. Beau feuillage. Fleurs très-grosses, très-belles, bariolées. Culture qui mérite d'être étudiée. G. *tulipifera, macrostegia, fuchsioïdes.* Rares.

GENISTA. *Voir* CYTISUS.

GNIDIA (Thymel.). Gn. *simplex* très-commun, assez bon ; G. *schuberti,* très-voisin ; d'autres plus rares sont de culture assez difficile. Ont du mérite ; odeurs suaves le soir, fleurs d'hiver. G. *pinifolia, lœvigata,* etc.

GOMPHOLOBIUM (papill.). Très-petit arbuste grimpant ou rampant, d'une grande délicatesse et d'une rare élégance ; fleurs relativement grandes et souvent très-jolies, colorées. Très-difficiles à conserver. G. *venustum*, *hirsutum*, *polymorphum*, *splendens*, etc., etc.

GONOCALYX (vacc.). Encore un arbuste alpin d'Amérique, très-bien chez lui et que nous ne savons pas cultiver. G. *pulcher*. A étudier.

GOODENIA (Gooden.). Sous-ligneux ou herbacé. Peu de mérite.

GOODIA (papill.). G. *lotifolia*, assez joli arbuste à fleurs jaune et rouge.

GREVILLEA (Proteac.). Genre considérable par le nombre de ses espèces et leur valeur ornementale. Plusieurs ont des fleurs brillantes, toutes sont bizarres ou élégantes. Fleurs d'hiver ou de printemps. Il est indispensable d'en avoir quelques-uns. Culture plus ou moins facile. Les petites espèces sont assez délicates. Gr. *robusta*, *flexuosa*, *longifolia* sont plutôt d'ornement ; Gr. *punicea*, *concinna*, *rosea*, *thelemanni*, *alpestris*, etc., ont de très-jolies fleurs. G. *bipinnatifida*, très-beau, a disparu.

HABROTHAMNUS (solan.). Floraison facile et durable, arbrisseau peu intéressant. *Voir* CESTRUM.

HAKEA (Protéacées). Genre important et assez ornemental. En général grand arbrisseau à fleurs blanches et à feuillage original. H. *petrophylloïdes* est le seul que l'on cultive qui soit nain et à fleurs rosées. H. *microcarpa*, joli, moyen.

HARDENBERGIA. *Voir* KENNEDYA.

HECHTIA (Bromel). Plantes d'ornement, curieuses et belles.

HELICRHYSUM (compos.). Genre d'immortelles vivaces, en arbustes, de l'Australie. Belles fleurs de longue durée, de la fin du printemps. H. *proliferum*, *spectabile*, *macranthum*, etc.

HERMANNIA (Byttner.). H. *aurea* (?), jolies petites fleurs jaunes toute l'année. Assez bon.

HIBBERTIA (Dillen.). Fleurs volubiles assez belles, à grandes fleurs jaunes fugaces, se renouvelant une partie de l'été. H. *dentata*, fleurit l'hiver.

HOVEA (papill.). Ce genre serait un des plus beaux ornements de la serre froide, s'il n'offrait d'assez grandes difficultés de culture. Fleurs d'hiver ou de printemps, toutes bleu plus ou moins vif et charmantes. *Hovea celsii*, l'un des plus beaux est assez robuste. H. *purpurea*, l'est un peu moins. Craignent l'eau et le trop grand soleil. Taille après la fleur, peu ou point de pincements, pots petits et terre sableuse. Toutes les espèces sont fort belles.

HOYA (asclep.) H. *carnosa*, fleurit mieux en serre froide qu'en serre chaude. Bon pour les coins obscurs. Fleurs admirables.

HYPERICUM. Genre de peu d'intérêt. Fleurs jaunes, plantes sans grâce.

HYPOCALYMNA (myrt.). *H. alba* a été cultivé un instant; il ressemble à un petit metrosid. à rameaux grêles et pendants, et à fleurs blanches. H. *robusta*, à fleurs roses et beaucoup plus belles, reste à introduire en Belgique.

ILEX (Ilicin). Les houx qui ne sont pas de plein air passent en orangerie. Leurs beaux feuillages orneront bien les grandes serres froides.

ILICIUM (magnol). Arbres de formes massive et à fleurs médiocres, bons pour les grandes serres. H. *floridanum, anisatum, religiosum*.

INDIGOFERA (legum). Très-joli genre à fleurs roses, blanches ou rouges, gracieuses, joli feuillage, culture facile. I. *australis*, juncea, atropurpurea, *decora, decora alba, Roylei*, etc.

IOCHROMA. *Voir* CESTRUM. Assez belles fleurs violacées.

IRIDÉES. Famille des plus brillantes, qui peut contribuer beaucoup à l'ornement des serres froides au printemps. Les *Ixia, sparaxis* et genres voisins, n'ont pas de rivaux pour la grâce et l'éclat des couleurs, et viendront assez bien en pots sur les tablettes d'une bonne serre froide, près des vitres. Citons encore pour la serre froide, *Iris ou morœa fimbriata*, les *lapeyrousia, vieusseuxia, watsonia, ferraria, cypella, antholysa*, aristœa, etc.

ISOPOGON (proteac). Genre médiocrement intéressant; fleurs de peu d'éclat.

JAMBOSA. *Voir* EUGENIA.

JASMINUM. J. *geniculatum* est un joli petit arbuste de serre froide, mais qui ne fleurit que l'été. Les autres sont d'orangerie ou de serre tempérée.

KENNEDYA (papill). En y joignant les genres très-voisins *hardenbergia, zychia, dioclea* et *physolobium*, on aura un groupe des plus intéressants et très-digne de soins. Fleurs très-jolies, très-variées, port grimpant et jolis feuillages. Tous ont leur mérite.

KNIGHTIA (prot.). K. *excelsa*, arbre d'ornement.

KUNTZIA. *Voir* BEAUFORTIA.

LABICHEA (papil). Plante assez rare et délicate; très-belle fleur. L. *diversifolia*.

LACHENALIA (liliac). Petite plante bulbeuse du cap, très-florifère, printanière, fort jolie et facile. Repos après la fleur jusqu'en octobre.

LACHNŒA (Thymélies). Voisins des Pimelea, sur lesquels on les greffe, arbustes élégants et médiocrement faciles. L. *purpurea*, à grosse tête de fleurs roses, dure deux ou trois mois, depuis mars. L. *conglomerata*, fleurs blanches moins belles.

LALAGE (papill). L. *ornata*, l'une des plus belles parmi tant de charmantes papillonnacées de la Nouvelle-Hollande, mais très-délicate. L. *grandiflora* et d'autres très-rares.

LAMBERTIA (prot.). Jolis arbrisseaux, dont les belles fleurs se montrent rarement, assez faciles d'ailleurs. L. *formosa, hugelii*, etc.

LANTANA (verben.). Orangerie et pleine terre d'été. L. sellowii, garde ses feuilles et fleurit l'hiver; quelques autres peuvent avoir une petite place en serre froide ou plutôt tempérée.

LAPAGERIA (smilacées). Encore une plante admirable chez elle ou en dessin, mais très-avare de ses fleurs. La meilleure culture semble être en pleine terre dans une serre basse. Elle y fleurit l'été.

LASIOPETALUM (Byttner). Arbustes curieux et méritant la culture. Fleurs assez jolies et feuillage original. L. *solanaccum, quercifolium*, etc.

LEIOSPERMUM. Végétation vigoureuse et assez belle. Plus convenable pour les grandes serres. Fleurs assez jolies. L. *racemosum*.

LEPTOSPERMUM (myrt.). Jolis arbrisseaux, très-voisin des myrtes, feuillage léger, fleurs blanches de printemps ou d'été. L. *scoparia, bullatum*, etc.

LESCHENAULTIA (goodeniac). Miniatures charmantes, en fleurs une bonne partie de l'année, du moins les bonnes espèces. L. *formosa, oblata, Baxteri*. Les bleus, dont on attendait beaucoup, ne fleurissent guère.

LÉUCADENDRUM. Voir PROTEA.

LEUCOPOGON (epacrid). Arbustes des plus élégants, fleurs blanches en grappes, très-jolies, printanières, médiocrement difficiles. L. *juniperinus, cunninghamii, affine*, etc.

LINDLEYA (rosacées) Arbrisseaux à grandes fleurs blanches. Plutôt d'orangerie.

LINUM (linées). L. *trigynum* à grandes fleurs jaunes, fleurit assez bien l'hiver, et n'est pas sans mérite.

LIPARIA (legum). L. *sphærica*, du Cap, fait un grand effet en fleurs, mais ses gros bouquets jaune lavé de rouge s'obtiennent difficilement et en été seulement.

LISIANTHUS (gentian). Semi ligneux, très-délicats, plutôt de serre tempérée; payent mal les soins qu'ils exigent. Belles fleurs.

LITTŒA (lil.). Belles plantes d'ornement, voisines des agaves et des Bonapartea.

LODDIGESIA (legum). Arbuste à fleur rose, jolie, port médiocre. L. oxalidifolia.

LOMATIA (prot.). Genre plus ou moins ornemental qui s'est enrichi récemment d'espèces fort belles, encore peu connues.

LOPHOSPOMUM (scroph.). Grosse plante grimpante pour ornementale, assez belles fleurs en gros tube rouge; a donné des variétés.

Luculia (rubiacées). Très-beaux arbres fleurissant l'hiver, mais plutôt de serre temperée.

Luzuriaga (asparag.). Du Chili, grimpantes, plus curieuses que belles.

Macleania (vaccin). Fort beau genre parmi ces belles vaccin. américaines, si difficiles à bien cultiver ou à faire fleurir. Celui-ci plutôt de serre un peu tempérée. Beau port, très-belles fleurs. M. *cordata, coccinea,* etc.

Magnolia. D'orangerie et d'été. M. fuscata, fleur insignifiante, mais odeur des plus suaves. M. pumila, grandiflora, etc.

Mahernia (Byttner.). Très-petits arbustes sous ligneux, intéressants, fleurs petites, tout le printemps et l'été.

Mahonia (berberid). Quasi rustiques. Les quelques espèces qui exigent l'orangerie ou la serre froide, sont d'un port ornemental et à jolies fleurs de printemps ou d'automne. M. *beali, nepalensis, japonica, tenuifolia, trifurca,* etc.

Mamillaria. *Voir* Cactées.

Maryanthus (Pittosp.). Arbrisseaux très-grêles et sarmenteux; fleurs d'été bleues, jolies.

Maurandia (scroph.). Jolies plantes grêles et grimpantes, quasi-herbacées. Belles fleurs grandes, roses, bleues, etc., d'été et même de printemps.

Melaleuca (myrt.). Beaux arbrisseaux ou jolis arbustes à fleurs en goupillon ou en cimes formées de filaments très-brillants. Bel effet en fleurs. Fleurissent surtout l'été. Les M. *fulgens, hypericifolia*, etc., sont de grandes et belles espèces; *thymifolia, coronata, decussata, pulchella* sont petits et fort gentils. Culture très-ordinaire.

Melastomées. On désigne quelques espèces de cette belle famille comme bonnes pour la serre froide : *pleroma elegans, chœtogastra lindeniana,* des *monochœtum.*

Mesembryanthemum. Quelques espèces sont très-curieuses de forme, d'autres ont de jolies fleurs, bonnes pour les parterres d'été.

Metrosideros (myrt.). Très-voisins des melaleuca. M. *semperflorens* a eu une vogue méritée. Fleurs en été. M. *albicans, florida, candelabrum,* buxifolia, *viridiflora,* etc.

Mimosa. *Voir* Acacia.

Mirbellia (papill.). Arbustes très-grêles, parfois rampants, feuillages légers et fleurs très-jolies, jaunes, rouges et pourprées, d'hiver. Assez délicats. Beaucoup d'espèces, toutes intéressantes. M. *dilatata, grandiflora, Baxteri, rubifolia,* etc.

Mitraria (Gesner). M. *coccinea,* arbuste buissonneux à très-belles et grosses fleurs écarlates, fleurit bien, quoique un peu capricieux. Mauvaise forme. Printemps et été.

Monsonia (geran.). Plantes herbacées à très-jolies fleurs printanières qui semblent mériter d'être plus répandues.

MORÆA. *Voir* IRIDÉES.

MURALTIA. *Voir* POLYGALA.

MUSSCHIA (campanul.). M. *Wollastoni* très-belles et grandes fleurs jaunes et rouges. Plantes herbacées de très-grande taille.

MYOPORUM (myopor.). Arbrisseaux assez singuliers à fleurs blanches, nombreuses, tout l'été. Point beaux.

MYOSOTIDIUM (Borag.). M. *nobile*, nouvelle plante à très-belle ombrelle de fleurs blanches et bleues, herbacée, assez grande.

MYRTUS. Les vrais myrtes sont d'orangerie. Ce genre se confond avec les Eugenia. Fleurs d'été.

NERINE. *Voir* AMARYLLIS.

NIEREMBERGIA (solan.). Presque herbacés, très-jolies fleurs, abondantes. N. *intermedia* est une jolie plante. N. gracilis, *filicaulis*, pleine terre d'été.

NYCTERINIA (scrop.). N. *lychnidea* semi-ligneux, bis-annuel, jolies fleurs d'une odeur délicieuse le soir.

OROTHAMNUS (prot.). O. *zeyheri*, bel arbuste du cap. Très-belle fleur. Rare.

OLEARIA (compos.). Arbuste à fleurs blanches d'été. Plutôt orangerie.

OXALIS (oxal.). Les espèces à fleurs d'hiver méritent une place près des vitres ; faciles. O. versicolor, arborea (?).

OXYLOBIUM (papill.). Petits arbustes assez délicats et grêles, élégants, à très-jolies fleurs jaunes marquées de rouge, assez variées de forme, bons et pas trop difficiles. O. *ellypticum*, *pultenæa*, *osbornei*, *splendens*, etc.

PASSERINA (Thymel). Arbustes délicats du Cap, assez élégants, difficiles et peu cultivés.

PASSIFLORA. Les espèces de serre froide sont peu importantes. On en fait de jolis cordons, mais elles viennent faiblement en pots et trop vigoureusement en pleine terre.

PELARGONIUM (geran.). L'une des plantes les plus considérables de la serre froide par le nombre immense et l'éclat de ses variétés. Ils sont au nombre des plantes sous-ligneuses et voraces dont nous avons parlé dans le corps de cet ouvrage. La culture doit tendre à les avoir très-nains et très-touffus, avec abondance de grosses fleurs. On les taille très-courts à la fin de l'été, pour passer l'hiver presque sans eau, à bonne exposition et très-aérés. Le moins de chaleur possible. Au printemps, on les rempote en terre forte mélangée de terreau et de bruyère et on leur donne des engrais à diverses reprises. Boutures en été, très-faciles.

PERNETTIA (vaccin.). Sortes de petits arbustes buissonneux. P. *candida* est très-joli, mucronata insignifiant. On en cultive quelques autres peu connus.

Petrophylla (Prot.). Genre de peu d'importance, peu cultivé, assez joli.

Petunia (solan). Il faut laisser ce genre à ceux qui le cultivent spécialement. La plante en est très-laide l'hiver. Culture très-facile, dans le genre de celle des pelargonium. Eau et nourriture abondantes. Pincer pour les faire ramifier. Pleine terre d'été.

Phylesia (asparag.). Genre à ranger à côté des genethyllis et d'autres de l'Amérique australe ou alpine. Très-beau dans son climat natal, très-avare de fleurs dans nos serres. Culture à perfectionner. P. *buxifolia*, très-grandes et très-belles fleurs roses.

Phylica (rhamn.). Ph. *ericoïdes*, cultivé pour ses nombreuses petites têtes de fleurs blanches durant presque tout l'hiver, médiocres. Les autres phylica sans beauté ne sont plus cultivés.

Phylloclades. *Voir* Conifères.

Pimelea (thym.). L'un des plus beaux genres de la Nouvelle-Hollande et des plus délicats. Les uns fleurissent à la fin de l'hiver, les autres au printemps et jusqu'en été. P. *linifolia* est presque toujours en fleurs ; P. *spectabilis*, *verschaffelti*, fin de l'hiver, *hendersoni* printemps, *decussata* commencement de l'été, tous fort beaux ; P. Paxtoni, neippergiana, *macrocephala*, gnidia, ligustrina, plus ou moins beaux.

Pincenectia (Dracœ.?). D'ornement, très-beaux, grand effet. P. *glauca, tuberculata*.

Pittosporum. D'orangerie, médiocres.

Platilobium (papill.). Petite plante buissonnante, fleur jaune et rouge, assez intéressante. P. triangulare, *formosum*.

Pleroma. *Voir* Melastomacées.

Podocarpus. *Voir* Conifères.

Podolobium (papill.). Beaux arbrisseaux délicats, à feuilles remarquables et à belles fleurs. Difficiles et de floraison tardive. P. *heterophyllum, trilobatum, staurophyllum, hugelü*, etc.

Poinciana (legum.). Orangerie et pleine terre l'été. P. *gilliesü*, fleurs magnifiques.

Polygala. Toutes les espèces de ce genre ont de l'intérêt et plusieurs sont fort jolies en serre froide. P. ou *muraltia heisteri*, fleurit tout l'hiver, d'autres au printemps ou en été.

Pomaderris (rhamn.). Arbrisseaux rustiques peu cultivés. P. elliptica, à fleurs blanches et assez jolies.

Primula. Quelques *prim. sinensis*, surtout les doubles, égayent la serre en hiver. Les doubles craignent la pourriture du pied. P. *erosa, mollis* et *verticillata*, font aussi joli effet, fin de l'hiver.

PRIONIUM. D'ornement, aspect d'un petit pandanus, semi aquatique.

PRONAYA. P. elegans, assez joli arbuste peu cultivé.

PROSTANTHERA (labiées). P. *lasianthos*, arbrisseau à grandes et belles fleurs blanches et violettes. P. *incisa* et *violacea*, à jolies petites fleurs violettes, nains ; assez bons, fleurs en juin.

PROTEA. Ces magnifiques arbrisseaux du Cap, dont l'effet est si étrange, ont le tort de fleurir en général difficilement et d'être malaisés à conserver. Protea *argentea* est un bel arbre d'ornement ; P. *cynaroïdes* a de magnifiques fleurs. Bien d'autres méritent la culture. Soins attentifs, point d'excès d'arrosements.

PSAMMISIA (vaccin). Voisins des THIBAUDIA, fort beaux mais difficiles et avares de fleurs. Plutôt serre tempérée (?).

PULTENÆA (papill.). Encore une légumineuse à fleurs jaunes lavées de rouge de la Nouvelle-Hollande. Arbustes de bonne tournure et à jolies fleurs. P. stricta, *biloba*, *daphnoïdes*, *subumbellata*, *polygalæfolia*, etc., fleurs printanières durant peu.

QUADRIA (prot.). Q. *heterophylla*, assez beau port, fleurs ?

QUERCUS (ament.). Certains chênes toujours verts du Mexique ou de l'Hymalaya peuvent trouver place pour leur beau feuillage dans les grandes serres.

RODOCHITON. *Voir* LOPHOSMERMUM.

RHODODENDRUM (eric.). Plutôt d'orangerie, avec le soin de les mettre dehors avant la pousse du printemps. Très-peu craignent la gelée. Tiennent d'ailleurs très-bien leur place dans les grandes serres froides.

RHODOLEIA (hamamel.). R. *championi*, ressemble à un camellia par le feuillage et un peu par la fleur. Très-bel arbuste mais avare de fleurs.

RHODOMYRTUS. Sorte de myrte à feuillage cotonneux et à très-belles et grandes fleurs roses. Plutôt serre tempérée. R. *tomentosus*.

RHINCOSPERMUM (apocyn.). R. *jasminoïdes*, de Chine, bon arbuste à fleurs blanches, gracieuses et très-odorantes, en juin. Aime un peu de chaleur.

ROCHEA (crassul.). Plante grasse à très-belle fleur d'été. R. *falcata*.

ROELLA (campan.). Espèce d'arbuste à feuillage très-délicat, vivant peu. Belles et grandes fleurs bleu violacé nuancé. R. *ciliata*.

ROGIERA (rubiacées). Arbrisseaux à peine ligneux, à ombrelles de jolies fleurs roses. Plus convenables pour la serre tempérée.

SALVIA (labiée). Plantes demi-ligneuses et voraces, mauvais feuillage et mauvais port, mais belles fleurs, dont quelques-unes d'hiver.

SARRACENIA. Plantes des plus curieuses, mais dont il est difficile de tirer parti si l'on n'a pas une serre chaude pour les faire végéter.

SCOTTIA (legum.). Jolis et élégants arbustes de serre froide peu répandus. S. *lœvis*, *dentata*.

SCUTELLARIA (labiée). A peine demi-ligneux et plutôt de serre tempérée. Jolis.

SELAGO. Petit arbuste à fleurs bleuâtres, d'été, peut intéressant. S. spuria, S. fasciculata.

SIPHOCAMPYLUS (lobeli.). Semi-ligneux, port et feuillage peu ornemental. Jolies fleurs plus ou moins faciles.

SKIMMIA (zantoxyl.). Bel arbrisseau qui s'arrange mal du plein air en hiver et sera mieux en orangerie ou dans la serre froide qu'il ornera de ses fruits rouges. Sk. *japonica*.

SMILAX. Arbrisseau grimpant épineux, à joli feuillage, fleurs insignifiantes. Fruits rouges d'automne qu'on n'obtient guère chez nous. Sm. *maculata*.

SOLANUM. Nous ne pensons pas qu'aucune espèce de ce genre si important puisse être considérée comme une bonne plante de serre froide. S. pseudocapsicum, S. capsicastrum.

SOLLYA (pittosp.). Arbustes sarmenteux, à fleurs bleues très-jolies, assez bons feuillages. Le meilleur est S. *salicifolia*. S. drummondi, heterophylla.

SPARAXIS. *Voir* IRIDÉES.

SPARMANNIA (liliacées). Grand arbre, forme lourde mais belles fleurs, presque en toutes saisons, dans les appartements ou les grandes serres un peu tempérées.

SPREKELIA. *Voir* AMARYLLIS.

SPHŒROLOBIUM (papill.). Petit arbuste grêle et curieux, assez jolies fleurs jaunes de printemps.

SPRENGELIA (épacridée). S. *incarnata*, charmante épacridée devenue rare, assez délicate, fleurs roses en étoile.

STAPELIA (asclep.). Ces très-curieuses plantes grasses, aux fleurs étranges et mal odorantes, venant l'été, ne conviennent guère à la serre froide qu'à titre de curiosité.

STATICE (Plombag.). Belles fleurs d'été, très-intéressantes. Plantes peu ornementales en hiver.

STENANTHERA (épacridée). S. *pinifolia*. Très-petit arbuste, très-gracieux, très-jolie fleur en tube. Mai-juin, difficile à cultiver.

STENOCARPUS. *Voir* AGNOSTUS.

STENOCHILUS (myopor.). Petits arbustes assez florifères et printaniers, fleurs sans éclat, médiocres. St. maculatus.

STRUMARIA. *Voir* AMARYLLIDÉES.

STRUTHIOLA (Thym.) Arbustes petits et délicats, de peu d'effet, fleurs d'été, très-peu cultivé.

STYLIDIUM (stylid.). Petites plantes herbacées, assez jolies. Il y en a de nombreuses espèces, qui toutes ont quelque intérêt. Fleurissant principalement l'été. Un peu délicats.

STYPHELIA (épacridées). Beaux arbustes dont quelques espèces sont de premier ordre mais très-délicates. St. *tubliflora*, *triflora*, etc. Bons pour les cultivateurs habiles.

SWAINSONIA (légum.). Arbuste semi-ligneux, jolie plante à croissance rapide, d'été (?) Sw. *lessertiœfolia*, nain, joli. Plusieurs autres espèces médiocres.

TACSONIA (passifl.). Sortes de passiflores de serre froide, avares de leurs belles fleurs.

TASMANNIA (magnol.). Bel arbuste, dont les fleurs jaunâtres font un joli effet à la fin de l'hiver. T. *aromatica*. T. *minor*, au moins aussi joli ne se trouve déjà plus.

TECOMA. *Voir* BIGNONIA.

TELOPEA. *Voir* EMBOTHRIUM.

TEMPLETONIA (leg. papil.). Fleur grande, rouge vif, printanière, arbre raide, assez bon, peu rameux, pas délicat. T. *glauca*, T. *retusa*.

TESTUDINARIA (Dioscor.). Curiosité végétale et rien de plus.

TETRATHECA (Tremand.). Arbustes grêles et délicats. T. *verticillata*, fort jolie de fleurs et de feuillage, fleurit une bonne partie de l'année. T. *ericoïdes*, moins beau, printanier. Le premier craint la taille; il faut le pincer de loin en loin. Au second, arracher les pousses gourmandes.

THEA (camell.). Orangerie ou serre froide, petite fleur blanche peu intéressante. Plante historique.

THIBAUDIA (vaccin.). Fort beau genre d'arbrisseaux, assez avares de leurs jolies fleurs. Beaux feuillages. Th. *pulcherrima*, *floribunda*, *sericea*. *Voir* PSAMMISIA et CERATOSTEMMA.

THYSANOTUS (Irid.). Sortes de petites iris, fleurs très-jolies bleues frangées; délicates. Tenir sèches l'hiver. T. *fimbriatus*, *proliferus*, *floribundus*, etc.

TRISTANIA (myrt.). Arbrisseau à fleurs jaunes, d'été, très-médiocres.

TRITELEIA (liliac.). Jolie petite plante très-basse à fleurs blanches, lavées bleu, d'hiver. Tr. *uniflora*. Passe en pleine terre.

TRITONIA. *Voir* IRIDÉES.

TROPÆOLUM. Il y en a plusieurs qui fleurissent l'hiver ou au printemps. T. *tricolor* et ses variétés T. *azureum*, *Brachyceras*, *Deckerianum*, *speciosum*, etc. sont fort jolis. Lobbianum et autres espèces ou variétés à grosses tiges herbacées peuvent rendre quelques services en hiver.

TRYMALIUM (Rhamn.). T. *odoratissimum*, sorte de Pomaderis, à fleurs blanches en thyrse, très-nombreuses durant une partie de l'hiver, doit être cultivé.

TABLE DES MATIÈRES

FIN DE LA TABLE DES MATIÈRES.